カワセミの子育て

THE BREEDING ECOLOGY OF THE KINGFISHER

カワセミの子育て
自然教育園での繁殖生態と保護飼育

矢野 亮

地人書館

まえがき

　13年前の1996年、地人書館より『帰ってきたカワセミ ～都心での子育て―プロポーズから巣立ちまで～』を出版いたしました。
　この本には細かい観察記録なども掲載されていましたので、カワセミの調査・観察をされている全国の多くの方々から、とても参考になったというご連絡をたくさんいただきました。
　カワセミの人工営巣地を造成し繁殖に成功した東京都江戸川区葛西東渚鳥類園、東京都西多摩郡瑞穂町役場、千葉県市川市の「ジュンサイを残そう市民の会」などの皆さまからは、たくさんの観察記録をお送りいただきました。
　また、北海道大学大学院で修士論文を書かれた鷺野巣愛さん、武蔵工業大学で卒業論文を書かれた亀谷三四郎君、3年間のカワセミの生態を調査しまとめられた北海道札幌旭丘高校生物部の皆さまからは貴重な論文をお送りいただきました。
　これらの資料は、今後も私のカワセミ調査の際、活用させていただきたいと思っております。
　この他にも多くの方々より、お手紙やお電話で問い合わせをいただいております。まことに感謝の気持ちでいっぱいです。

　はじめに、本書全体の構成の意図や各章の概略についてお話ししておきたいと思います。
　今回出版する『カワセミの子育て ～自然教育園での繁殖生態と保護飼育～』は、鳥類に関する専門書ではありません。一般の方々が、カワセミという鳥に関心を持ち、カワセミの生態に興味を持ち、ひいては自然環境の大切さを感じてくださるようにと願って書かれた普及書です。
　前著『帰ってきたカワセミ』とは重複している内容があることはお断りしておきます。これは、今となっては前著を読まれていない読者も多いだろうと思われること、また、1996年以降に調査した結果とを比較する関係で重複してしまったという事情もあります。

まえがき

第1章　都心のオアシスに帰ってきたカワセミ
本書の舞台となり、私の勤務先であった自然教育園の歴史と自然の変遷、カワセミの退行・復活などの動態について解説しました。

第2章　カワセミのプロフィール
カワセミの名の由来、生息域、オス・メスの識別方法、人への貢献など、カワセミのプロフィールを紹介しました。

第3章　調査方法の変遷と教育普及の活動
調査中に気がついた止まり木や巣穴壁面の改良、観察施設の充実、調査機器のグレードアップなど工夫して改善した点などを書きました。また、一般の人々（自然教育園への入園者）を対象に実施した「カワセミの子育て ―生中継―」の開催意図なども述べています。

第4章　カワセミの繁殖生態
本書のメインとなる章で、21年間観察したカワセミの生態についての集大成が掲載されています。特に、抱卵期と育雛期の調査には力が入りましたので、多くの資料を取り上げ、共通する点・異なる点などを詳しく解説するとともに、一目で理解していただけるよう図や表、写真などを多く取り入れ解説しました。図や表には詳細な記録も掲載されていますので、本書を最初に通読される際は、図・表の概略をご覧いただくだけでもかまいません。

第5章以降は、前著にはなかったまったく新しい内容です。

第5章　保護飼育への挑戦
2000年の育雛期途中でカワセミの両親が失踪したため、巣穴から7羽の雛を救出しました。その後、試行錯誤の連続で保護飼育した結果、7羽すべてが順調に育ちましたので、彼らを自然教育園に放鳥したというカワセミの雛の里親体験の話です。

第6章　八王子からのSOS
同じ2000年に、八王子在住の方から3羽のカワセミの雛を受け入れ、保護飼育をしました。初期の頃の餌が原因と思われますが、油脂腺から油が出ず、水に濡れると2時間ぐらい羽が乾かないという水が苦手な（！）カワセミの雛になってしまいました。結局、約50日という長期の保護飼育でやっと放鳥することができたという苦労の多かった里親体験の話です。

第7章　不気味な黒い影
2000年頃、自然教育園の水生植物園の池に、ブルーギル・ブラックバス（外

来魚）が密放流され、カワセミの餌であるモツゴ・メダカ・スジエビなどが壊滅状態になってしまいました。最初は釣りや網で駆除していましたが埒があかず、四つの池の大規模な浚渫工事でやっと外来魚を根絶することができたという顛末記です。

第8章　未知の世界の探求

2000年にカワセミの雛を救出した時に掘った穴を利用して、2001年から赤外線ランプを活用して産室内の観察を開始しました。ところが、前述の外来魚繁殖の影響もあり、2001年から2007年までカワセミは繁殖しませんでした。繁殖期以外のカワセミの生態が少しわかっただけというあまり実りのない7年間の記録です。

第9章　産室内の雛の行動

2008年、8年ぶりにカワセミが繁殖しました。しかし、機器類は長い間放置していたため、赤外線ランプは切れ、カメラは水浸しで使いものになりません。急遽、ランプとカメラを交換したところ、産室内の雛の撮影に成功！　おそらく日本で初めての映像だと思います。「カワセミの子育て ―生中継―」には多くのカワセミファンが訪れ、大変感動されていかれました。

第10章　21年間のまとめと今後の課題

自然教育園で実施してきた21年間のカワセミの繁殖に関する記録のまとめと、まだ残されている今後の課題について述べています。

　今や写真は、フィルムカメラからデジタルカメラの時代に入りました。私はこういった時代の変化には弱く、いつの間にかカワセミの写真撮影からは足が遠のいてしまいました。

　しかし、カワセミの魅力は何といってもあの美しい姿にあります。カワセミの本の出版にはやはり彼らのカラー写真を掲載することは欠かすことができません。

　群馬県前橋市にお住まいの古橋純一さんは、昔からの私のカワセミ仲間で、桐生川のカワセミの繁殖地をご案内いただいたこともあります。

　古橋さんは、20年以上も前からカワセミの写真を撮影するとともに、繁殖地の保護活動にもご尽力されています。また、『翡翠 ―カワセミの親子三つがい四季を追う―』と『翡翠 第Ⅱ集 ―清流・桐生川に宝石が舞う―』という2冊の素晴らしい写真集も出版されています。これまでにカワセミの写真集は数多く

まえがき

出版されていますが、古橋さんの写真集は一味も二味も違っていました。
　そこで、本書の出版にあたり、写真掲載をご相談しましたところ、快くお引き受け下さいました。カラー口絵A「清流のカワセミたち（群馬県桐生市周辺）」で、カワセミの美しさ・逞しさをより的確に表現していただくことができました。感謝の気持ちでいっぱいです。

カワセミの子育て　目次

カワセミの子育て　目次

まえがき　5

口絵A　**清流のカワセミたち**（群馬県桐生市周辺）　撮影：古橋純一

第1章　都心のオアシスに帰ってきたカワセミ　17

　　自然教育園の歴史と環境　18
　　60年間の自然の変遷　19
　　自然教育園の樹木の変化　19
　　自然教育園内で見られるチョウ類の変化　20
　　シジュウカラのなわばりの変化　22
　　森番の仕事　22
　　普通種から幻の鳥へ　24
　　帰ってきたカワセミ　25

第2章　カワセミのプロフィール　29

　　カワセミという名の由来　30
　　分類と生息域　30
　　生息に必要な環境条件　31
　　姿は「飛ぶ宝石」　32
　　オス・メスの識別と幼鳥・成鳥の違い　32
　　人への貢献　32

第3章　調査方法の変遷と教育普及の活動　35

3.1　繁殖地　36

　　繁殖地の整備　36
　　止まり木の工夫　38
　　赤土壁面の加工　40
　　水中ポンプの設置　41

3.2　観察施設の充実　42
　ブラインド　42
　迎賓館カワセミ　44
　迎賓館カワセミ新館　45
　産室内撮影装置　47
3.3　調査機器の変遷　47
　ビデオ機器の設置　47
　監視カメラの導入　50
　撮影したテープの整理　52
　赤外線ランプの活用　53
　調査システムの充実　53
3.4　カワセミの子育て──生中継──　53

第4章　カワセミの繁殖生態　57

4.1　造巣期　58
　カワセミの巣穴　58
　カワセミの穴掘り術　58
　巣穴の新築とリフォーム　59
　巣穴掘りはオスの仕事　60
　1993年の巣穴掘り　60
　1994年の巣穴掘り　61
　1995年の巣穴掘り　61
　2000年の巣穴掘り　63
　巣穴の位置　63
4.2　求愛期　64
　巣穴のアピール　64
　求愛給餌と交尾行動　66
4.3　産卵期　70
　カワセミの卵　70
　産卵数の推定　71
　産卵期中の抱卵　72

4.4　抱卵期　74
昼間はオス・メス交替、夜間はメスが抱卵　74
規則正しい早朝の交替　76
交替のパターン　76
完全な記録への挑戦　77
1日6交替制　79
抱卵時間は約430時間　80
知らぬは亭主ばかりなり　82
巣穴の滞在時間から読むカワセミの行動　82

4.5　育雛期　85
育雛期の調査　85
誕生した雛の二つのタイプ　86
夜間の雛の保温　86
昼間の保温　88
1日の行動時間　88
餌の種類　89
金魚泥棒　91
金魚問屋の廃業　93
カワセミはトンボを食べるか？　95
餌の大きさ　96
給餌の時間帯　98
給餌の間隔　99
給餌のオス・メス比　100
頭の下がるオスの健闘　100
給餌の回数　102
巣立ち前のダイエット作戦　104
給餌した餌の総数　106

4.6　巣立ち　107
子育てのフィナーレ　107
巣立ちは早朝が多い　110

口絵B　**10羽の雛の保護飼育**（東京都港区自然教育園、世田谷区自宅）
口絵C　**カワセミのおもしろ生態**（神奈川県横浜市）　撮影：越川耕一

第5章　保護飼育への挑戦　―雛の里親体験―　113

5.1　雛の誕生と親鳥の失踪　114
　5年ぶりの繁殖　114
　予想外の雛の誕生　114
　メス親の失踪　115
　夫、妻の失踪知らず？　115
　さらにオス親まで失踪??　118
　ヒナを拾わないで!!　119
　カワセミの飼育例（岐阜県三浦家）　120
　カワセミの飼育例（神奈川県立自然保護センター）　121

5.2　雛の救出　121
　雛の救出大作戦　121
　救出成功！　123
　「空飛ぶ宝石」車で通勤　125

5.3　雛の保護飼育　126
　保護飼育中の雛の行動　126
　雛の餌の献立表　126
　餌の確保と管理　127
　体重30gを切ると巣立ち　128

5.4　飛行・餌捕り訓練　132
　講義室で飛行訓練　132
　自宅で餌捕り特訓　132
　雛たちの本能　134
　餌の奪い合い　136
　雛の性格　137
　インセクタリウムでの最終訓練　138

カワセミの子育て　目次

5.5　放鳥へ　140
「手乗りカワセミ」に注意！　140
水生植物園に放鳥　141
忍者雛「青」　142
放鳥後の追跡調査　143

第6章　八王子からのSOS　147

4羽の雛の受け入れ　148
山本氏の奮闘　148
3羽の雛の飼育開始　150
水が苦手な雛たち　152
10羽に追われててんてこ舞い　152
インセクタリウムでの合同飼育　155
インセクタリウムでの単独飼育　157
故郷へ放鳥　159
自然教育園産と八王子産雛の成長の違い　160
油が出ない原因　161
保護飼育を終えて ―なぜ雛を拾ってはいけないか　162
保護飼育の条件　163
感謝と敬意　163

第7章　不気味な黒い影　―外来魚の密放流―　165

カワセミの餌が全滅！　166
ブルーギル・ブラックバスとは　167
ギル・バス捕獲作戦　168
しぶとい生命力　169
池の浚渫　170
外来魚の根絶　171
問題多いペット・移入種の放逐　172

第8章　未知の世界の探求　175

産室内の撮影開始　176
解明したい謎　179
空白の7年間　179
ガラスが光る　187

第9章　産室内の雛の行動　191

待ちに待った繁殖　192
産室内の撮影に成功　193
お行儀のよい雛の食事風景　194
第4回生中継「カワセミの子育て」　197
第2回目の繁殖はなぜか放棄　198

第10章　21年間のまとめと今後の課題　201

60羽を超える雛の巣立ち　202
まだ残されている今後の課題　202

あとがき　207
参考文献　211
索　　引　215

清流のカワセミたち
（群馬県桐生市周辺）

撮影：古橋純一

空を見上げるカワセミ

桐生川

口絵A1）カワセミのオス

口絵A2）メス　下のくちばしが赤いのがオスとの識別点。

口絵A3）ネコヤナギの枝に止まるカワセミ

口絵A4・左下）ウメの花とカワセミ
口絵A5・右下）ツツジの花とカワセミ

口絵A6）枯れ草に止まるカワセミ

口絵A7）杭に積もった雪とカワセミ

口絵A8）枯れたヒマワリとカワセミ

口絵A9） ホバリングするカワセミ［1］ 餌捕りの方法の一つである。

口絵A10） ホバリングするカワセミ［2］

口絵A11） 水中へダイビングするカワセミ

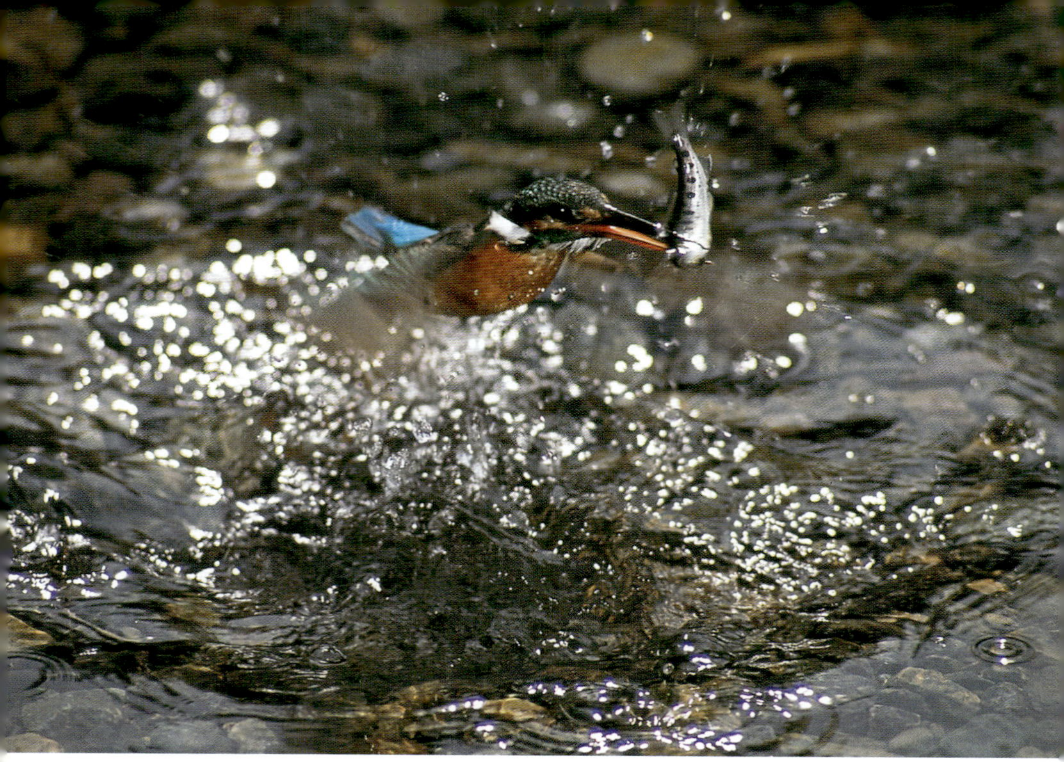
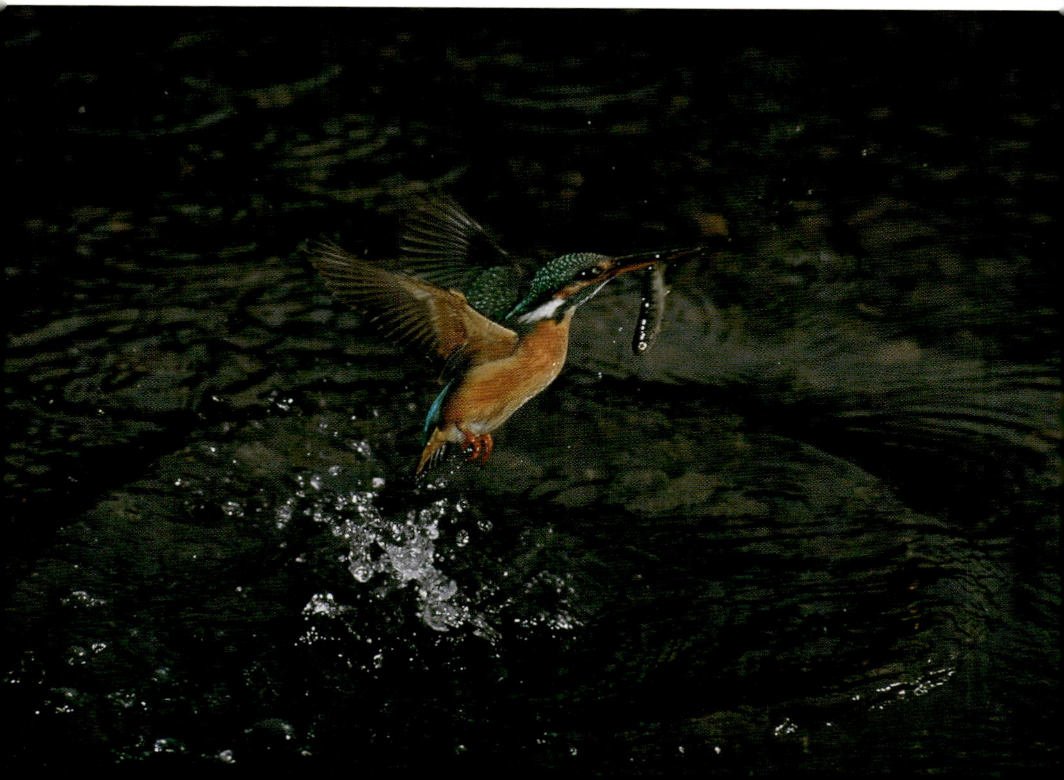

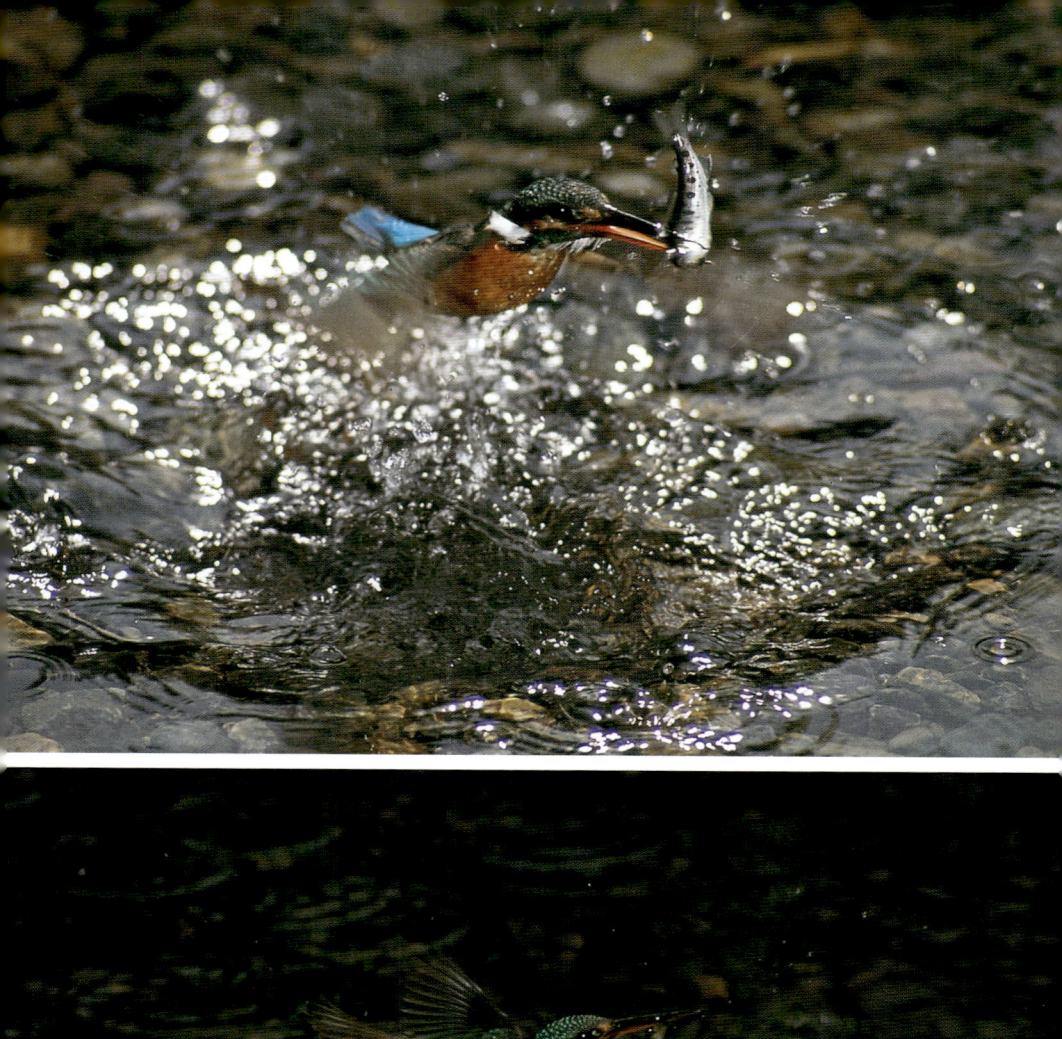

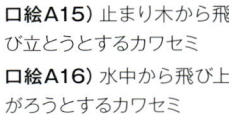

口絵A14）止まり木から水中の魚などを狙うカワセミ

口絵A15）止まり木から飛び立とうとするカワセミ

口絵A16）水中から飛び上がろうとするカワセミ

口絵A12・左頁上）水に飛び込み餌を捕って飛び上がろうとするカワセミ[1]

口絵A13・左頁下）水に飛び込み餌を捕って飛び上がろうとするカワセミ[2]

口絵A17）消化できない餌をペリットとして吐き出す

口絵A18）水浴びをするカワセミ

口絵A19）水面すれすれに飛んでいるカワセミ

口絵A20) カワセミのつがい

口絵A21) カワセミの求愛給餌［1］ オスがメスに餌を渡し、その餌をメスが受け取ると求愛が成立する。

口絵A22) カワセミの求愛給餌［2］ 繁殖期によく見られ、何度も行なわれる。

口絵A23）カワセミの交尾［1］ 繁殖期に何度も行なわれる。

口絵A24）カワセミの交尾［2］ 上がオス、下がメス。

口絵A25) 巣穴を掘っているカワセミ　嘴の先に赤土がついているが、この土は水に飛び込むとおちる。

口絵A26) 巣作り中のつがい　オス・メス交替で巣穴を掘る。

口絵A27） ドジョウをくわえたカワセミの親鳥

口絵A28） ザリガニは、尻っぽを先に運んでくる。

口絵A29） 魚類は、頭を先にして運んでくる。

口絵A30） 雛の成長に合わせて、次第に餌も大きくなる。

口絵A31） ときには、カエルも餌として運ぶ。

口絵A32・左頁上）雛がのめるかと心配する程の大きな魚も運ぶ。

口絵A33・左頁下）巣穴に餌を運ぶカワセミの親鳥　巣穴に入る時は頭から入るが、出るときは尻から出てくる。

口絵A34）カワセミの掘った巣穴を横から見たところ　1番奥に広い産室がある。人工営巣地改修の際に撮影した。

口絵A35）人工営巣地と雛に餌を運んできた親鳥

口絵A36） 巣立ちが間近い巣穴の雛

口絵37） 巣立ちの朝のカワセミの親子　危険から身を守るため、雛たちを繁みの中に誘導する。

口絵38） 巣立った幼鳥に餌を与える親鳥

第1章　都心のオアシスに帰ってきたカワセミ

第1章　都心のオアシスに帰ってきたカワセミ

◎自然教育園の歴史と環境

　このカワセミの物語の舞台は、東京都心部港区白金台にある"白金の森"です。正式には国立科学博物館附属自然教育園といい、面積約20ヘクタールの昔ながらの武蔵野の自然が残されている緑地です**（図1.1）**。

　この森は、今から400〜500年前の中世の時代、この地に白金長者といわれている豪族が館を構えたことからはじまりました。江戸時代は四国の高松藩主松平讃岐守頼重（水戸黄門の兄に当たる人）の下屋敷、明治時代は海軍・陸軍の火薬庫、大正時代は宮内庁の御料地として変遷し、1949年（昭和24年）に国の天然記念物および史跡に指定されるとともに、一般に公開されるようになりました。つまり、1949年までは一般の人々が自由に入ることができなかったため、東京の都心部としてはきわめて豊かな自然が残されたのです。

　園内は、海抜16m〜40mの起伏に富んだ地形で、その中に台地や低地が複雑に入り組んでいます。低地には池や沼地などがあり、台地上には中世の時代に

図1.1　空から見た自然教育園

築いたといわれる土塁が園の周囲をとりかこんでいます。この土塁上には樹齢400〜500年と思われるスダジイの巨木が並び、低地や斜面にはコナラ・ミズキなどを主とした落葉樹林が広がっています。また、湿地にはジャヤナギ・オニグルミなどからなる湿地林、ヨシなど湿生の草地もあります。このような多様な環境にいろいろな植物が生えているため、これらを餌としたりすみかとしたりする動物もたくさん生息できるのです。

　現在までに、植物が約1080種、チョウ類49種、トンボ類44種、クモ類185種、魚類12種、両生・爬虫類20種、鳥類134種、哺乳類12種などが記録されています。

　すでに東京都区内ではほとんど見られなくなってしまったオニヤンマ・ゲンジボタルなどが、今なお生息していることは、自然教育園の自然の豊かさを物語っています。

◎60年間の自然の変遷

　自然教育園には昔からの自然に関する記録が残されていますので、それを追跡することによってその変遷を調べることができます。これまでに開園当時の1949年（昭和24年）、首都高速道路の建設時の1965年（昭和40年）、そして、自然生態系特別調査が1979年（昭和54年）および1998年（平成10年）と4回の総合調査が行なわれています。その他にも日常の研究活動の中でも数多くの記録が残されています。ですから、調査の項目によっては、約60年間・約30年間・約20年間の自然の変遷を知ることができるのです。

　開園して約60年、園内の森林は大きく変わりつつあります。1998年（平成10年）の調査では、以前に比べ、シダ植物・変形菌類・鳥類・陸産貝類・カイガラムシ類などは漸減、コケ類・多足類・ミミズ類・チョウ類・蛾類は減少、直翅類・トンボ類は激減していることがわかりました。これらは、森林が常緑樹林化しているため、落葉樹林や草原といった明るい環境が減少したこと、都市化により他の緑地との距離が離れ、自然教育園が孤立したことなどが大きな要因と考えられます。しかし、東京都区内の他の緑地と比較しますと、いまだ群を抜いて豊かであることは確かです。

◎自然教育園の樹木の変化

　1950年（昭和25年）園内での毎木調査では、太さ10cm以上の樹木が2970本。

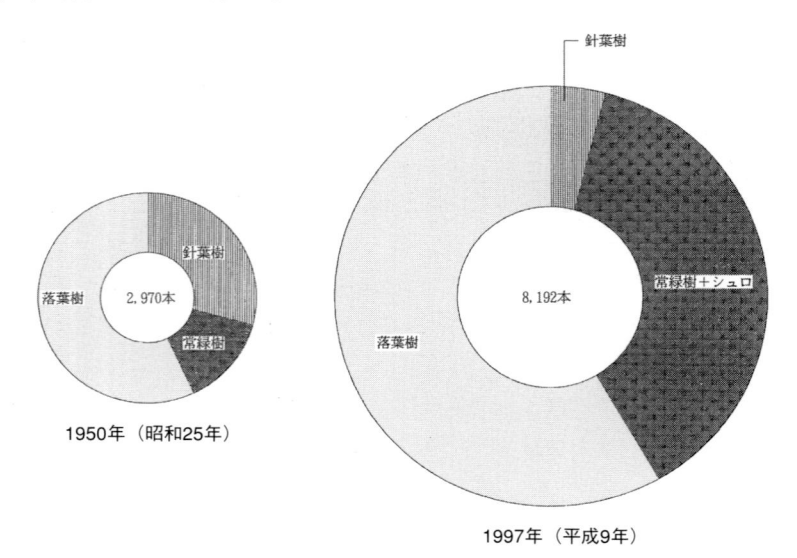

図1.2　樹木の本数と樹種の変化　47年間に樹木の本数は2.8倍に増加しているが、針葉樹の激減、常緑樹の増加現象が見られる。

その47年後の1997年（平成9年）の調査では、2.8倍の8192本に増えています。森が成熟している様子がうかがえます。しかし、樹木の種類別では、大気汚染の影響か、スギ・モミ・マツなどの針葉樹が激減し、一方で、スダジイ・シロダモ・タブノキなどの常緑樹が確実に増加しています。全体として、林を構成する樹種が非常に単純化しており、コナラ林などでは遷移が進み、明るい落葉樹の林から暗い常緑樹の林へ変わりつつあるのです（**図1.2**）。

◎自然教育園内で見られるチョウ類の変化

自然教育園園内で記録された65種のチョウ類は、60年間での出現の変化や頻度などから

A型：開園以来ふつうに見られる種
B型：1975年以前はふつうに見られたがその後減少した種
C型：毎年見られるが数が少ない種
D型：開園当時はふつうに見られたがその後絶えた種
E型：一時絶えたがその後復活した種
F型：開園後間もなくして絶えた種

	1950年	1960年	1970年	1980年	1990年

A型
B型
C型
D型
E型
F型
G型

■：ふつうに見られる　□：まれに見られる

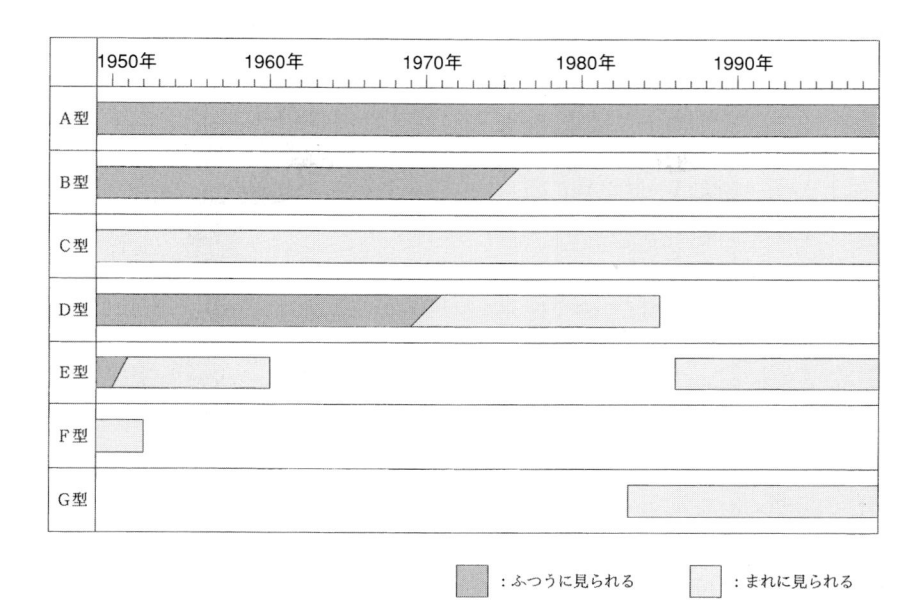

図1.3　チョウ類の変化　60年間でのチョウの出現年や頻度から七つのタイプに分けることができる。

ツマグロヒョウモン（メス）

ナガサキアゲハ（メス）

図1.4　暖地性チョウの出現（撮影：飯田晋一郎）　温暖化の影響かナガサキアゲハ、ツマグロヒョウモンなどが見られるようになった。

G型：近年になって見られるようになった種

の七つのタイプに分けられます（**図1.3**）。特に最近では、温暖化の影響でしょうか、今までには考えられなかった暖地に生息しているナガサキアゲハ・ツマグロヒョウモン（**図1.4**）・ムラサキツバメなどが見られるようになりました。

このような現象はチョウ類に限らず、鳥にも見ることができ、カワセミはE型、小型のキツツキのコゲラはG型と考えられます。

◎シジュウカラのなわばりの変化

シジュウカラは、春の繁殖期になりますとなわばりを持ち、つがい単位の生活に入ります。オスのさえずっていた場所や他の侵入者（シジュウカラ）との争いの場所などから、つがいのなわばりの範囲がわかります。これを地図上に表わしたのがテリトリーマップで、自然教育園では、1961年（昭和36年）、1970年（昭和45年）、1976年（昭和51年）、1999年（平成11年）にテリトリーマップが作成されました（**図1.5**）。1961年は園周辺の住宅の庭なども含め、37ヵ所のなわばりがありました。1970年、園の西側に隣接して作られた高速道路建設後は、園内でのなわばりの数の変化はほとんどありませんでしたが、園周辺の住宅などを取り入れ作っていたなわばりの数が激減しました。その後、1976年と1999年は、園内のなわばりの数が40ヵ所以上と急増するとともに、一つのなわばりの面積が小さくなっていること、園内と高速道路をへだてた園外の住宅とでなわばりを持つつがいが復活したことなどがわかりました。この原因は、シジュウカラが環境の変化に対して適応力があることに加え、周辺部での緑地の減少に伴い自然教育園に集中化したとも推測されます。

◎森番の仕事

私はこの自然教育園に38年間勤め、2008年3月に定年退職しましたが、この間、自分自身の専門が何だかよくわからないほど、いろいろな仕事をしてきました。仕事は何かと問われれば、以前は「ナチュラリスト」などと答えていましたが、最近では"白金の森"の森の番人、すなわち『森番』というのが一番ピッタリとしているような気がしています。具体的な内容は次のような事柄です。

まず、天然記念物に指定された自然教育園を保護するための自然林の管理の仕事があります。危険・支障樹木の伐採や除伐、繁茂したつる植物や帰化植物

1961年　　　　　　　　1970年

1976年　　　　　　　　1999年

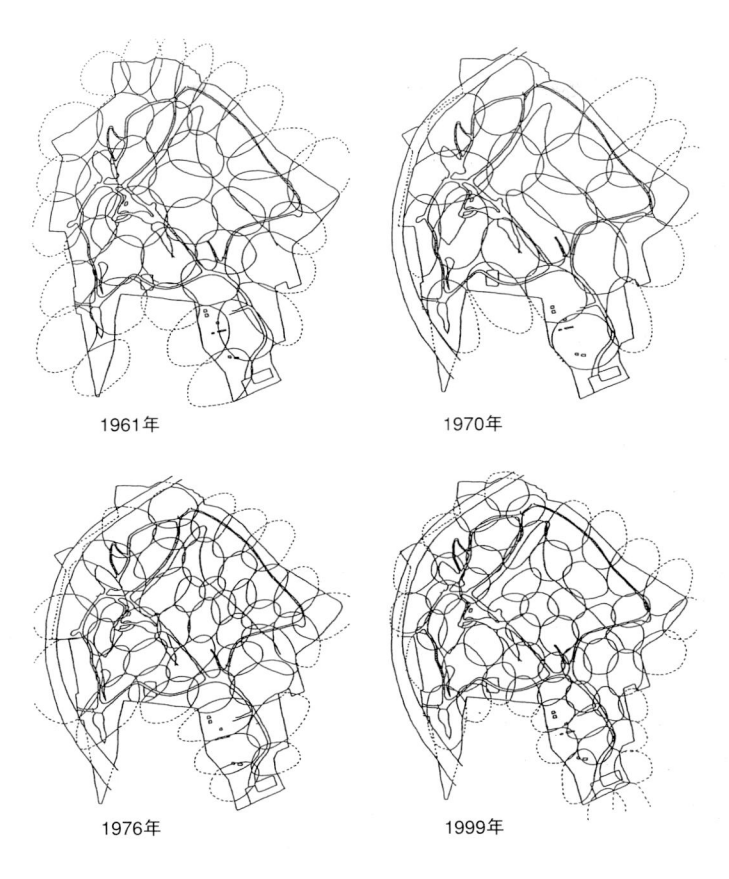

図1.5　シジュウカラのなわばりの変化　高速道路建設前とその後の環境変化により、シジュウカラのなわばりの範囲や数の変化がわかる。

の除去、池の浚渫・園路の補修・保護柵の設置・ゴミ拾い・便所掃除、また、教材園の管理としての除草・草本類の補植などなどです。

　子供たちや一般の人々を対象とした教育普及活動も行なってきました。「チョウのくらし案内」・「日曜野外案内」・「子ども土曜観察会」・「展示解説・飛ぶ種の不思議」・「学校等団体案内」・「自然観察会」・「野外生態実習」などです。また、「カワセミの子育て —生中継—」・「森のクラフト」などの企画展も担当してきました。

　調査研究面では、カワセミの繁殖生態調査・植物群落の遷移の調査・アオキの生態調査・異常発生昆虫の動態調査・ホタルの個体数調査、共同研究で行なったヒキガエルの生態調査・皇居でのチョウ類調査・カラスの採餌行動調査・自然教育のカリキュラム作成の研究などがありました。

　私は特に鳥が専門ではありませんが、カワセミの繁殖生態調査は最も力の入ったものでした。

◎普通種から幻の鳥へ

　江戸時代の江戸は、平地には湿地と河口、海辺には干潟が広がる水の都、また、山の手の丘陵地は木が生い茂る森の都だったと考えられています。湿地には、現在では絶滅に瀕しているツルの仲間やコウノトリ・トキなどが実際に生息していたという驚くべき記録が残されています。それほど自然が豊かでしたので、当然カワセミもスズメやカラスと同じように生息していたと想像されます。

　この豊かな自然は、戦前までそれほど変わることなく続いていたようで、戦前の1944年（昭和19年）には、カワセミは都区内でもふつうに見られ、繁殖もしていたそうです。

　しかし、戦後の経済復興とともに、東京の自然は破壊されていきました。川や池などの水辺は汚染や破壊が進み、それに伴い、水辺にすむカワセミは都市部から郊外へ退行していきました。都心からは、昭和20年代に、六義園・小石川植物園・自然教育園など一部の公園を除き、姿を消しました。それでも1955年（昭和30年）頃までは、井の頭公園・上石神井公園など都内23区でも繁殖していましたが、1960年（昭和35年）頃になると、調布・多摩湖まで退行してしまいました。1964年（昭和39年）に開催された東京オリンピックによって退行にはさらに拍車がかかり、1970年（昭和45年）頃には、日野市より上流の多摩

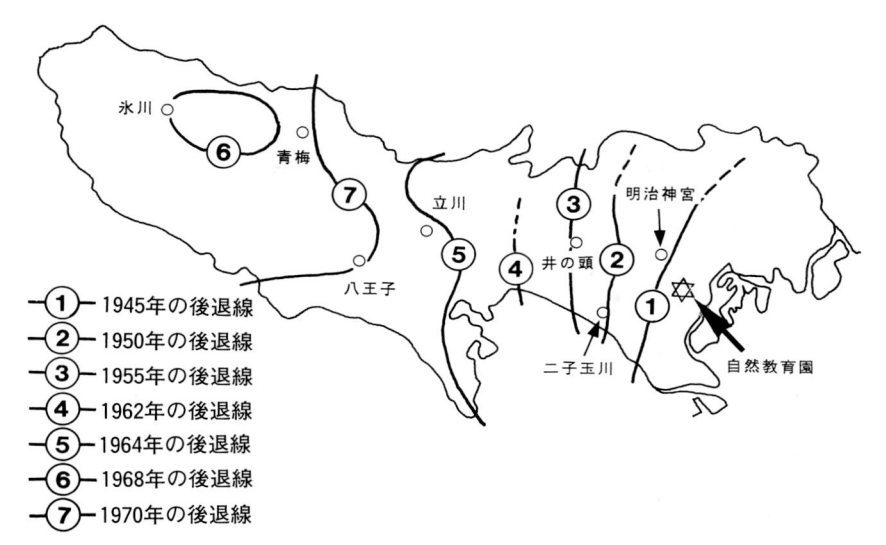

図1.6 カワセミの後退図（松田、1971） 戦前には都心の公園でも見られたカワセミがわずか25年間で奥多摩の山奥まで行かないと見られなくなってしまった。

① 1945年の後退線
② 1950年の後退線
③ 1955年の後退線
④ 1962年の後退線
⑤ 1964年の後退線
⑥ 1968年の後退線
⑦ 1970年の後退線

川へ行かないとカワセミの姿は見られなくなってしまったのです。このように戦前には都心の公園などで普通に見られていたカワセミが、わずか25年の間に奥多摩の山奥にまで退行し、カワセミは、まさに「幻の鳥」とまでいわれるようになりました（**図1.6**）。

この退行の原因について松田道生氏は、

① カワセミが生活の場としている川や池などの水辺環境が、汚染されたり破壊された
② 治水のための堤防の建設、護岸工事によって巣穴を作る崖地がなくなった
③ 農薬の散布などにより餌である魚が減ったり、汚染した魚を食べたカワセミが生理的な影響を受けた
④ 警戒心の強いカワセミには、釣り人や行楽客が大きな脅威であった

ことなどをあげています。

◎帰ってきたカワセミ

そのカワセミが、1970年（昭和45年）頃から再び都心に向かってUターン

第1章 都心のオアシスに帰ってきたカワセミ

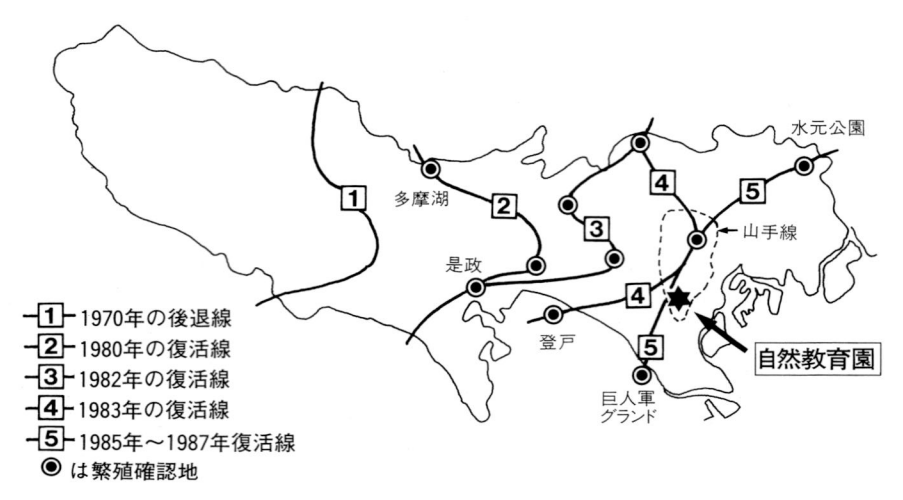

- 1 1970年の後退線
- 2 1980年の復活線
- 3 1982年の復活線
- 4 1983年の復活線
- 5 1985年〜1987年復活線
- ● は繁殖確認地

図1.7 カワセミの復活図（金子、1989） 1980年代から復活しはじめ、現在では東京23区内の各地で繁殖が確認されている。

（復活）しはじめました（**図1.7**）。1980年（昭和55年）に多摩川中流域の府中市是政で繁殖が確認されました。その後、1982年（昭和57年）には東京23区内の杉並区和田堀公園・練馬区上石神井公園、1983年（昭和58年）には山手線内の文京区小石川植物園、1985年（昭和60年）には葛飾区の水元公園に隣接する都立水産試験所と相次いで繁殖が確認されています。そして、1988年（昭和63年）に、ついに港区の自然教育園でも繁殖が確認されたのです。

このカワセミが、退行や復活する様子を表わした貴重な資料があります。明治神宮（東京都渋谷区）で日本野鳥の会東京支部が毎月行なっている探鳥会の約50年間の記録をまとめたものです（**図1.8**）。これによりますと、カワセミは、1960年までは年間を通して出現し、1964年から約20年間は年1回出現する程度の幻の鳥となり、その後、次第に増え、1990年以降は年間を通して出現するようになっています。このようなコツコツと貯めた記録は、長年にわたって蓄積されると非常に貴重な資料となることがわかります。まさに"継続は力なり"です。

このカワセミの復活した原因について、都市鳥研究会の金子凱彦氏らは

① 水質汚染にも強いモツゴやザリガニなど、カワセミの餌となる小動物が増えた

② 有機塩素系農薬の使用が制限され、河川の汚染度が低くなった
③ カワセミの環境に対する適応性が出てきた
④ 人々の野鳥保護の思想が浸透してきた
ことなどをあげています。

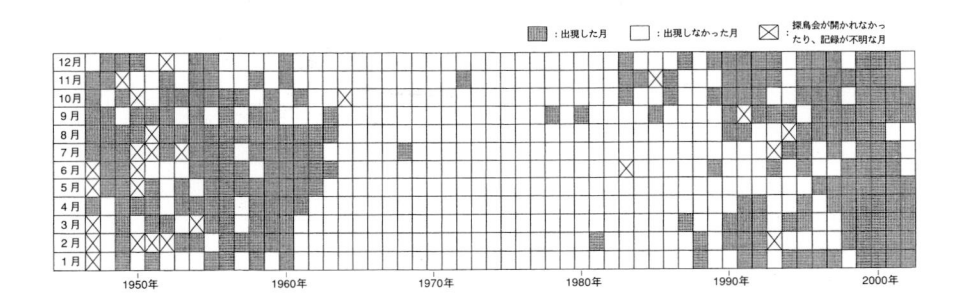

図1.8 明治神宮でのカワセミの変遷（日本野鳥の会東京支部調査）　明治神宮において約50年間にカワセミが後退・復活していく様子がわかる。

第2章　カワセミのプロフィール

第2章　カワセミのプロフィール

　こうして、1988年、自然教育園でカワセミの繁殖が確認され観察が始まりましたが、その内容をお伝えする前に、カワセミがどんな鳥かについて簡単に説明しましょう。

◎カワセミという名の由来

　カワセミは昔からよく知られた鳥で、奈良時代には"そにとり""そび"と呼ばれていました。『古事記』に大国主命(おおくにぬしのみこと)が詠んだ「翠鳥(そにどり)の青き御衣を」という歌がありますが、「そにどりの」は「青」の枕詞だそうです。鎌倉時代になりますと"そび"から"しょび"に変わり、室町時代には"しょうび"、江戸時代に"しょうびん"と呼ばれるようになったといわれています。

　カワセミは、室町時代から漢名で"翡翠(ひすい)"とも呼ばれるようになりました。これは、カワセミが宝石のヒスイのように緑なので宝石の名から転用されたと思われがちですが、実は逆で、宝石の名の方が鳥の名から転用されたのだそうです。

　また、カワセミは、古名・体の色・餌の捕り方や行動・生活の場などから、地方によってはいろいろな俗名で呼ばれています。「しょに」・「そな」・「しょびん」・「かはしょびん」・「るり」・「いろみどりこ」・「あおじ」・「ふなこどり」・「ざっこどり」・「どじょうとり」・「すなむぐり」・「かはらはしり」・「かわとり」などなどがあります。なお、学名は *Alcedo atthis*、英名は Kingfisher、漢名は翡翠・海狗・水狗です。

◎分類と生息域

　カワセミは、スズメやシジュウカラなどの小鳥類（分類上はスズメ目）のなかではなく、近縁のブッポウソウ目に属しています。ブッポウソウ目にはカワセミ科の他、ブッポウソウ科・ハチクイ科・ヤツガシラ科・サイチョウ科などの鳥がいます。この目の共通の特徴は、足の前3本の指の基部が合着した合趾足(ごうしそく)という独特な形を持っていることです。

　カワセミ科の鳥は、全世界で17属95種いるといわれていますが、その多くは、島や大陸の一部といった狭い分布域に生息しています。しかし、カワセミは例外的で、ヨーロッパ・北アフリカ・地中海沿岸地域から極東地域・東南アジア・ニューギニアまで広く分布していますし、生息個体数も最も多いといわれています。

日本では、カワセミ科は6種類記録されていますが、そのうち、カワセミ・ヤマセミ・アカショウビンの3種がよく知られていますし、国内でも繁殖しています。このほか、時々南西諸島や日本海側の島に渡来するヤマショウビン、石垣島・宮古島に渡来するナンヨウショウビンが記録されています。また、1887年宮古島で1羽採集されましたが、その後まったく消息がなく絶滅種とされているミヤコショウビンもカワセミの仲間です。

　カワセミは、日本全国の平地や低山帯の川や池などの水辺に住んでいます。ふつう1年中見られる留鳥ですが、冬の寒さが厳しく川や池が凍る北海道では東北地方などに渡ってしまうため、春から秋にかけて見られる夏鳥です。もっとも、旭川市では下水処理場の温かい処理水が流れ込む石狩川流域で、冬でも魚が捕れるため越冬したという観察例もありました。

◎生息に必要な環境条件

　カワセミの生息には、何といっても、まず緑地が必要です。加えて、主な餌が小さな魚類や甲殻類であること、水浴びをする習性があることから、池や沼も必要です。水質にはそれほど敏感ではないようです。東京でカワセミの復活した拠点には、必ずこのような条件が満たされています。

　しかし、これだけでは不十分です。繁殖するためには土壁がどうしても必要だからです。都内では、自然の赤土の壁面はあまり見られず、私のこれまでの観察では、東京のカワセミは、ほとんどが、ゴミ捨て場として掘られた穴の壁面を利用して営巣していました。

図2.1　建材店の砂山での繁殖　墨田区の街中の建材店に積んであった砂山に巣穴（矢印）を掘り、繁殖していた（2002年8月）。

最近では、東京湾の埋立地の公園のわずかな壁面が利用されたこともありましたし、墨田区の街中の建材店では、積んでおいた砂山で繁殖していました(**図2.1**)。これらは、今までは考えられなかった営巣場所で、この二つの例は、東京のカワセミが住宅難であることを明らかに物語っています。

◎姿は「飛ぶ宝石」

　カワセミの体の大きさは、全長約17cmでスズメをやや大きくしたくらいです。嘴は体の4分の1ほどと長く、尾や足がごく短いという独特のスタイルをしています。体の色は、頭は暗緑色でルリ色に輝き、背から尾にかけてはコバルトブルー、翼は金属光沢に輝く緑色、喉と首のつけ根は白、腹と目の下は濃いオレンジ、嘴は黒、足は赤と美しく、「飛ぶ宝石」とまでいわれています。

　このカワセミを一目見てバードウォッチャーの道を歩みはじめた人も多く、また、その姿をカメラにおさめるべく望遠レンズを購入し、"カワセミおっかけ"にのめりこんだ人もたくさんいるようです。

◎オス・メスの識別と幼鳥・成鳥の違い

　図鑑などには、嘴の上・下ともに黒いのがオス、嘴の下が赤いのがメスと書いてありますが、メスの嘴の下の赤は、全体が赤いものや部分的に赤いものなど個体差があるようです(**口絵A1、A2**)。また、繁殖期、カワセミのペアを長い間観察していますと、体の大きさや体の色、しぐさ・行動などでも、そのペアのオス・メスの識別ができるようになります。

　また、幼鳥と成鳥の違いは、幼鳥は成鳥に比べ体の大きさが一回り小さいこと、嘴が若干短く先端部がちょっと白いこと、体色が鈍く胸が黒ずんでいること、足が黒っぽい色をしていることなどで区別することができます(**口絵A37、A38**)。

◎人への貢献

　新幹線「のぞみ500系」は、世界一速く、静かに走るといわれています(**図2.2**)。この車体は、スピードを出して水に飛び込むカワセミ(**口絵A11**)からヒントを得て作られたことをご存知でしたか？

　新幹線が水の中に飛び込むことはありませんが、高速でトンネルに入るとき、音とゆれの問題をカワセミの水に飛び込む姿から解決したのです。また、空気

の抵抗も少なく、省エネの効果もあるようです。

　もう一つカワセミからヒントを得て作られたものがあります。それは、競泳用の水着です。

　アテネオリンピック800m自由形で金メダルを取った柴田亜衣選手もこの水着を着ていました（『朝日新聞』2005年1月7日付朝刊）。スポーツウェアの専門メーカーのデサント社が開発した「エール・ブルー」という水着で、細かい突起のあるカワセミの羽をヒントに、ごく小さなセラミックのビーズを水着につけたものです。ミクロの凹凸が水の流れを整える効果があり、従来のものより5.5％も抵抗が少なくなったということです。『朝日新聞』の記事によれば、「たまたまテレビCMでカワセミを見た」デサントの商品企画担当者、楡木栄次郎さんは「水中で魚を捕獲し、水から飛び上がった瞬間も鮮やかな青い羽はぬれてない（口絵A13、A16）。『ぱっと水をはじいている。こんな水着があれば』」とひらめいたのだそうです。

　このように、カワセミの体のつくりや羽の構造が、人に役立つものを開発するヒントになったのです。自然界から学ぶことはまだまだたくさんありそうです。

図2.2　新幹線「のぞみ500系」　カワセミが水に飛び込む姿からヒントを得て作られた。

第3章　調査方法の変遷と教育普及の活動

第3章　調査方法の変遷と教育普及の活動

■3.1　繁殖地

◎繁殖地の整備

　自然教育園では毎年莫大な量の枯木・枯枝・枯草が発生します。多くのものは自然林の中に放置され自然に分解されますが、一部のものは焼却処分しなければなりません。そのため、1980年代半ばに、昔の建物の跡地に、縦約7m、横約6m、深さ約2mのほぼ真四角の大きな穴が掘られました。掘られた穴の壁面はコンクリートの残骸が一部残されていますが、他は関東ローム層の赤土です。この穴で毎年数回は、発生した枯枝・枯草などを焼却していました。

　1988年4月8日、サクラの花が満開の時期に東京は季節はずれの大雪に見舞われました。春の重い雪に慣れていない自然教育園のサクラの枝はボキボキと折れて大変な被害を受けました。翌9日は職員総出で折れた枝の片づけをしました（図3.1）。枝をトラックに満載し、残材焼却用の穴（図3.2）にさしかかった時、荷台の上にいた私の目に穴の中から"空色の小さなもの"がスーッと飛び去るのが映りました。

　エッ、まさか！　こんな都会の中で!!　恐る恐る穴の中の赤土の壁面を探してみますと、直径6～7cmの丸い巣穴がありました。まさしくカワセミの巣穴です。

　もしこの時、空色の小さなものが私の目に映らなかったら、予定通りサクラの枝は投げ込まれ、焼却していましたから、カワセミも途中で繁殖を放棄してしまったでしょう。まさに間一髪のところでした。

　これが私とカワセミの初めての出会いでした。

　その日は直ちに作業予定を変更し、サクラの枝は他の場所に積み上げ、付近一帯を立入禁止にしました。この場所は幸い一般入園者が立ち入ることのできない場所でしたので、カワセミの繁殖には好都合だったかもしれません。

　その後は、この残材焼却用の穴はカワセミ繁殖の専用の場所として管理されています。4月～8月の繁殖期には、周辺地域は立入禁止、自動車の通行を制限するなど職員の方々には大変ご迷惑をかけていますが、「カワセミの雛が無事巣立つまで」の合言葉で皆さんのご協力をいただいています。

　この年の秋、穴の中の一部を約50cmくらい深く掘り、常に水が貯まった池を作りました。これは、カワセミの水浴び用、採餌用にと特に用意したもので

3.1 繁殖地

図3.1 春の大雪で折れたサクラの枝 1988年4月8日、東京には季節外れの大雪が降り、満開のサクラの枝が折れ被害を受けた。

図3.2 残材処理用の穴 カワセミ発見後は、作業予定を変更し、付近一帯は立ち入り禁止とした。

図3.3 カワセミ営巣地 縦約7m、横約6m、深さ約2mの穴で、壁面は関東ローム層の赤土である。穴の一部に約50cm掘った池と止まり木を用意した（矢印が巣穴）。

す（図3.3）。池の中にはここでも餌が捕れるよう、モツゴ・ザリガニ・スジエビなどを少し放流しています。また、時には繁殖を促すため大好物の金魚類を放流することもあります。

◎止まり木の工夫

公園の池などでは、カワセミの写真を撮るために、枝ぶりのよい止まり木を用意する人が少なくありませんが、それほど止まり木は、カワセミ撮影の重要なポイントです。

カワセミの観察でも、止まり木はやはり欠くことのできないポイントです。

1988年の最初の繁殖の時には、巣穴の前に1本の止まり木を用意しました。すると、必ず止まり木に止まり巣穴に入りますので、とても観察がしやすくなりました（図3.4）。

ところが当時、穴の中にはコンクリートの鉄筋や木の枝が数ヵ所残っていたため、カワセミがこれらの場所に止まってから巣穴に入ることも多く、観察に支障をきたしていました。

そこで、止まりそうな鉄筋や木の枝をすべて取り除き、穴の中には1本の止まり木だけにしたところ、そこに確実に止まるようになりました。小さな試みでしたが効果がありました。

しかし、1本の棒では1羽のカワセミしか止まることができません。1990年からのビデオ機器を使った撮影を機に、横枝のついた止まり木を考えました。横枝が幹に対して直角につく木は意外と少なく、適した木はツバキ・シロダモ・

図3.4　1本の棒の止まり木　止まり木は、観察上重要なポイントであった。しかし、1本の棒の止まり木では1羽しか止まることができない。

ヒサカキくらいで、しかも、止まり木用の細い木となるとなかなか見つからないものです。

　横枝は、短いと2羽ぐらいしか止まれませんし、あまり長いとビデオカメラの画面からはみ出してしまいます。また、カワセミのオス・メスは寄り添って止まることはなく、必ず10～20cmの間隔をあけて止まります。これらのことを考えて、横枝の長さは約40cmと決めました。

　1993年4月11日、繁殖地でカワセミを見たという情報が入りました。翌12日に観察していた時のことです。オス・メスとも繁殖地に出現し、メスは止まり木、オスは巣の中で巣作りをしていました。やがて、巣穴から出てきたオスが止まり木に止まり、2羽が並んだのです。作戦が見事的中しました。

　4月17日には感動的なシーンに出会いました。11時30分頃メスが止まり木に飛来しました。少しすると、オスが大きなモツゴをくわえ、止まり木に止まりました。そして、オスが大きなモツゴをメスにプレゼントしたのです（図3.5）。

　これまで、写真集などで求愛給餌のシーンを見たことはありましたが、こんなに近い距離で、しかも自分の目で見たのは初めてでした。大感激です。プレゼントしたあと、オスは巣穴の中で巣作りをし、再び止まり木に戻りました。すると、今度は止まり木にいたメスと交尾をしたのです。ほんの5～6秒のあっという間の出来事でしたが、再び大感激です。

　その後は繁殖期のたびに、この止まり木で求愛給餌・交尾行動などがいくとなく観察されていますし、巣立ちをした雛が3～4羽並んだこともありました。止まり木は、観察する上で常に欠かすことのできない重要なポイントなのです。

図3.5　横枝のある止まり木　オス・メスあるいは巣立った雛の何羽かが同時に止まることができる。あまり長いとビデオカメラの画面からはみ出すので、約40cmとした。

◎赤土壁面の加工

ある日、日本鳥類保護連盟の柳沢紀夫氏が来園され、「カワセミは新しい赤土の壁面によく巣穴を掘るので、壁面を削ってみたらどうか」という助言をくださいました。

たしかに、1988年以来穴の壁面にはいっさい手を加えていませんでしたので、一面に草やコケが生えていました。特に、繁殖に利用された巣穴の下は、糞などの栄養分があるからでしょうか、赤土の色が緑色に変わるほどコケがびっしりと生えていました。

カワセミは壁面を削ると巣穴を掘るということは、逆にいうと、草やコケが生えていると掘られにくいということです。自然教育園の繁殖地の穴には、東西南北の方向に四つの壁面があるわけですが、観察小屋のビデオカメラは、東側の壁面に焦点が合わされています。ですから、他の向きの壁面に新たに巣穴を掘られては、観察上不都合が生じてきます。

そこで、毎年東側の壁面だけきれいに削り、他は草やコケをそのままにし、赤土が露出しないようにしました。こうすれば、他の壁面に巣穴を掘らないはずです（図3.6）。

これまでも、すべての巣穴は東側の壁面にのみ掘られていますので、カワセミに無理強いをすることにはならないだろうと考えました。

21年間、毎年東側の壁面だけを削っていますが、他の壁面に巣作りをしたことは1回もありません。この作戦も成功したといえるでしょう。

図3.6　東側の壁面の整備　観察上好都合な東側の壁面だけをきれいに削り、他の壁面は草やコケを取らずそのままにしている。

◎水中ポンプの設置

　1988年の第2回目の繁殖は、現在の繁殖地から約20m離れたやはり残材処理用の穴の中で行なわれましたが、雛が巣立った直後の大雨で巣穴が水没してしまいました。このため、穴に枯枝や落ち葉などをため、繁殖地として使用できないようにしました。

　赤土の崖などでは水の問題はありませんが、掘った穴にはどうしても水がたまります。また、カワセミの繁殖期は長い上に、梅雨の時期と重なりますので、水の管理にはとても神経を使いました。繁殖地の池には水中ポンプを入れっぱなしにし、危険だと思ったらスイッチを入れ排水するのです。

　昼間ならすぐかけつけられますが、問題は夜間の大雨です。寝ていても激しい雨音に起こされたことはしばしばありますし、時には、いても立ってもいられず夜中に自然教育園にかけつけ、水中ポンプのスイッチを入れたことも何回かありました。それほど「水」は怖かったのです。

　1994年、救世主が現われました。自動式排水ポンプです（図3.7）。

図3.7　自動排水水中ポンプ　二つのうきが水位によって上下し、ある設定された位置にくるとスイッチが入り、自動的に排水されるというポンプである。

このポンプには黄と橙のうきがついていて、水位の上昇に伴い黄のうきが最上部まで上がると自動的にスイッチが入り、排水を始めます。そして、ある程度排水ができ、橙のうきが横になると、自動的にスイッチが切れるのです。まさに、願ってもない排水ポンプでした。

最近、東京では局地的な集中豪雨がしばしばありますが、この自動排水ポンプを設置してからは確実に作動し、排水してくれますので、水に関してはまったく心配がなくなりました。

■3.2 観察施設の充実

◎ブラインド

1988年4月9日にカワセミに出会って以来、繁殖地には頻繁に通うようになりました。

繁殖地の近くには、石油缶を備蓄しておく1坪ほどの古い小屋がありました。この小屋の中を整理してここを基地にし、また、その近くに90cm四方くらい

図3.8 観察用ブラインド 繁殖地から5〜6m離れたところに、ブラインドを張り観察していたが、狭くて暑いのが難点。

の小さな布製のブラインドを張り、前線基地も作りました（図3.8）。

　ブラインドと繁殖地内の止まり木とは5〜6mしか離れていませんので、これまでになくカワセミが間近で見られるようになりました。そして、双眼鏡の画面いっぱいに映るカワセミの美しい姿とかわいいしぐさに、すっかり虜になってしまったのです。

　この年ははじめての、また勤務の間をぬっての観察でしたので、細かい記録はほとんど残っていません。

　しかし、カワセミのオス・メスの区別や雛に運んでくる餌の種類などは、ある程度の見当がつくようになりました。親鳥が雛に餌を運んでくる時は、魚類は必ず頭を先に、ザリガニは必ずしっぽを先にくわえてくることなどもわかりました（図3.9、図3.10、口絵A28）。雛が食べやすいようにとの配慮だと思われます。

　巣穴の出入りの仕方にも新しい発見がありました。繁殖期の初期の頃は、親鳥は巣穴へは頭の方から入り、出る時も頭の方から出てくるのですが、中期になりますと、入る時は頭からなのに、出る時は尻の方から出てくるのです。おそらく雛が大きくなったため、狭い巣穴の中ではUターンすることができないためと考えられます。

　というわけで、最初の1988年はブラインドの中で観察したところ、いくつかの行動については確かめることができましたが、いつ産卵し、何日間抱卵するのか、育雛には何日くらいかかるのかなど、調べなければならないことが山ほどあることがわかりました。

図3.9　雛にモツゴを運ぶ親鳥　モツゴ・ヨシノボリなどの魚類は、必ず頭を先にしてくわえてくる。

図3.10 雛にザリガニを運ぶ親鳥　ザリガニは、必ずしっぽを先にくわえている。雛が食べやすいようにとの配慮と思われる。

◎迎賓館カワセミ

　1988年からの3年間、カワセミの観察を続けてきましたが、不都合な部分が出てきました。

　これまで主として布製のブラインドの中で観察していましたが、狭くて夏は暑いため、もっと広く居心地のよい観察小屋を作ることにしました。繁殖地のすぐそばに石油缶を備蓄する小屋があることは前述しましたが、この小屋は、鉄筋はしっかりしているものの、穴はあき、鉄板は錆びついていて、使いものになりません。

　そこで、1990年、鉄筋のペンキを塗り直し、新しいプラスチックの波板で周囲を囲い、まわりを深緑のペンキで化粧しました。そして、観察用、カメラ撮影用、ビデオ撮影用の三つの観察窓も設けました。あまりに立派な観察小屋ができたので、道すじに道標を立て、入口に「迎賓館カワセミ」の表札もつけました（**図3.11**）。

　迎賓館が建ったものの、その後2年間はカワセミの繁殖はありませんでした。

図3.11 「迎賓館カワセミ」（上左）表札、（上右）道標、（下）外観

理由はわかりませんが、「迎賓館」の名に遠慮して寄りつかなくなったなどと冗談をいっていました。

◎迎賓館カワセミ新館

　1993年・1994年の繁殖期には、小屋の中に設置されたビデオ機器が大活躍し、これまで肉眼や双眼鏡で観察していた時とは比べものにならないほど正確かつ詳細な記録がとれるようになりました。

　しかし、迎賓館の位置は繁殖地の北側、巣穴の位置は東側のため、ビデオ撮影は止まり木しか映らず、親鳥の巣穴への出入りを確認することはできませんでした。

　この問題を解決するために、止まり木と巣穴が同時に撮影できる別の場所に新しい観察小屋を建てることにしました。基礎は角材で作り、まわりはプラスチックの波板を張り、淡緑のペンキで化粧して完成です。縦1.2m、横1.2m、高さ2.5mと、迎賓館本館に比べやや小ぶりですが、「迎賓館カワセミ新館」の

第3章　調査方法の変遷と教育普及の活動

図3.12　「迎賓館カワセミ新館」　（上左）表札、（上右）道標、（下）外観

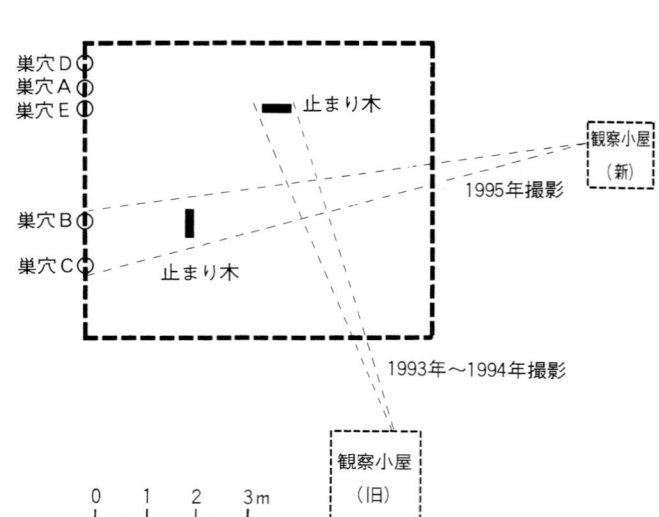

図3.13　観察小屋と繁殖地の配置図　旧観察小屋からは、巣穴を撮影できないが、新観察小屋では、止まり木と巣穴を同じ画面の中に撮影することができる。

誕生です（図3.12）。

　新館からは止まり木と巣穴が同時に撮影できるため、抱卵期と育雛期における親鳥の巣穴への出入り、また、巣穴からの雛の巣立ちなど完全な記録がとれるようになりました（図3.13）。

◎産室内撮影装置

　2001年から産室内撮影装置が作動しましたが、これについては第8章で詳しく解説いたします。

■3.3　調査機器の変遷

◎ビデオ機器の設置

　1988年から1990年までの3年間は、主としてブラインドの中で肉眼による直接観察をしていました。勤務時間内にブラインドの中に長時間こもることもあり、仕事に支障をきたすこともしばしばでした。そこで、新しい観察小屋（迎賓館カワセミ）を建てたのを機会に、1993年からビデオ機器の導入を考えました（図3.14）。

　自然教育園では、1985年から千羽晋示さんが代表となり、鹿児島県出水のツルの調査をしていました。この調査でツルの個体数や生態を調べるため、高性能のビデオ機器を使用していました。都合のよいことに、ツルの調査は主とし

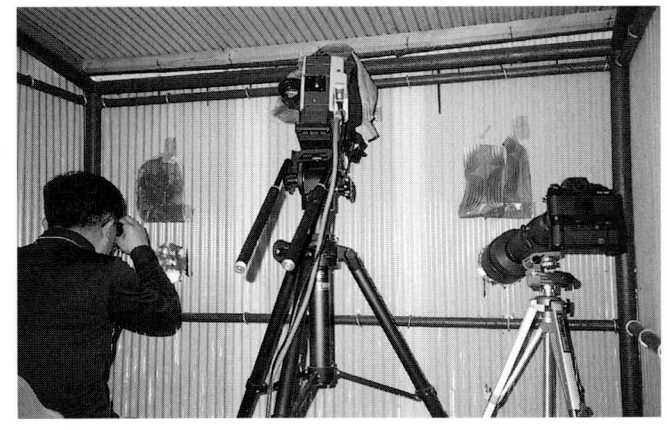

図3.14　ビデオ機器を導入した「迎賓館カワセミ」の内部　中央がビデオカメラ、右がカメラ、左が観察用小窓。

て冬、カワセミの調査は春から夏にかけてですので、使用する時期がずれていました。千羽さんに相談してビデオ機器をお借りすることにしました。

とにかく、ビデオ機器による観察は、今までの肉眼による直接観察に比べ、非常にたくさんの利点があります。

① スイッチを入れると、時間内は確実に記録をとり続けてくれます。
② テープは何回でも見直すことができ、記録としても残すことができます。
③ 編集の時、内蔵されたカウンターで数えますと、秒単位までの記録をとることができます。
④ テープの交換が3時間に1回ですので、鳥に出会う機会が減り、影響も少なくなります。
⑤ 観察小屋に常時いなくてもすみますので、通常の勤務ができるようになります。

このように、ビデオ機器を使用することによって、これまでとは比べものにならないほど莫大かつ詳細な記録がとれるようになりました。

しかし、欠点がないわけではありません。

① 早朝・夕方の暗い時間帯の撮影ができません。このため、1994年の第1回目の育雛期、1995年の抱卵期には、完全な記録をとるため、暗い時間帯の早朝4時から5時30分、夕方17時から19時までは現地で観察するなど、大変な努力が必要でした。
② 時計が内蔵されていないため、巣穴近くに時計を置き、飛来、飛去時刻を記録しなければなりません（**図3.15**）。
③ 決められた視野の範囲しか映らないため、範囲外の行動を知ることができません。
④ 機器の故障や操作ミスがあると、記録が残りません。これが一番心配した点でした。特に私は機械に弱いので、ツル調査で機器に精通した鳥類研究者の藤村仁氏に**図3.16**のようなマニュアルを作っていただき、この通りに操作していました。複雑な操作でしたが、幸い大きなミスもなく記録をとることができました。
⑤ 3時間おきのテープ交換が意外に大変でした。このため、長時間留守することができず、カワセミの繁殖期には、休日は返上、出張や人間ドックは皆キャンセルしていました。

3.3 調査機器の変遷

図3.15 巣穴近くの時計 ビデオ画面は、止まり木・巣穴・時計が入るようにセットされている。

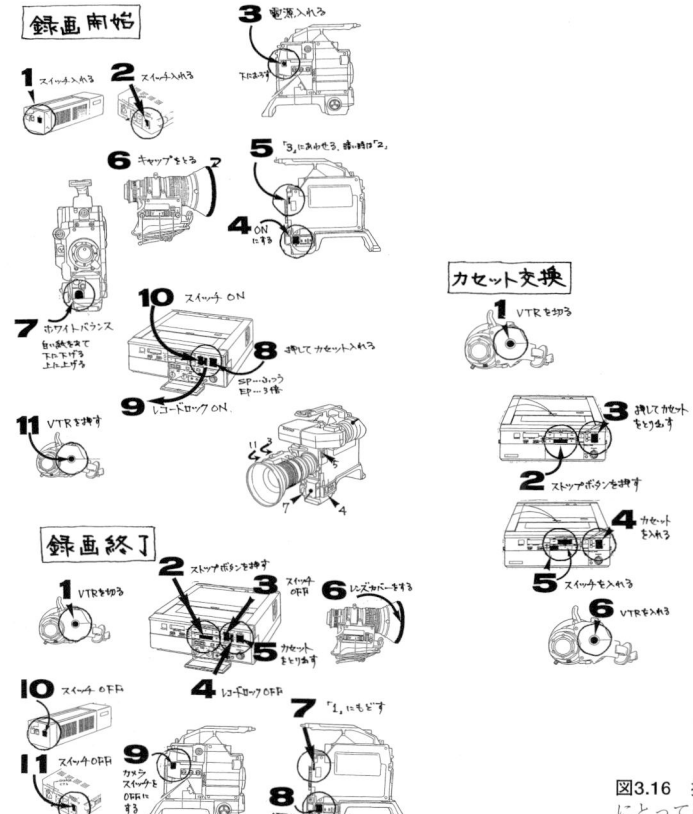

図3.16 操作マニュアル 私にとっては、複雑な機器操作であった。

49

◎監視カメラの導入

　1997年4月よりビデオカメラに替え、監視カメラを導入しました（**図3.17**）。監視カメラとは、銀行やコンビニなどで防犯に大活躍している例のカメラです。この監視カメラは、私のカワセミ調査のために開発されたのではないかと思うほど、目的にぴったり合っていました。

　これまで使用していたビデオカメラでは、肉眼で観察していた時に比べ飛躍的な記録がとれるようになったものの、いくつかの欠点もありました。その欠点を監視カメラはことごとくクリアーし、威力を発揮してくれたのです。

① ビデオカメラは、早朝・夕方の薄暗い時間帯の撮影は不可能でしたが、監視カメラはこの時間帯も撮影できます。おそらく、カワセミの活動時間帯はすべて網羅されています。ですから、2000年の抱卵期、2008年の育雛期には、早朝・夕方に現地調査をせずにすみ、何の苦労もなく完全な記録をとることができました。

② 監視カメラで撮ったテープの画面には、年・月・日に加え、時・分・秒までの表示がありますので、これまでのように、画面に映る時計を目をこ

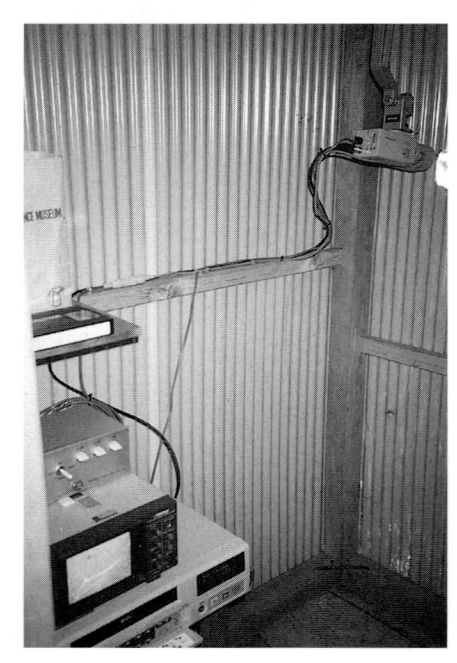

図3.17　監視カメラシステム　右上がカメラ、左下がタイムラプスビデオ機器とモニターテレビ。コンパクトなので観察小屋の中は使い勝手がよくなった。

3.3 調査機器の変遷

らして読むこともなくなりました（図3.18）。

③　高密度記録モードにより15段階のコマ落とし撮影ができますので、1本のビデオテープで5〜6日、設定によっては2週間以上の連続撮影が可能になりました。これで休園日はゆっくりと休むことができますし、短期の出張も可能となりました。

④　タイムラプス機能により自動録画ができるようになりました。これは、あらかじめ設定しておけば、早朝4時にスイッチを入れ、夕方7時にスイッチを切るということを自動的にしてくれるのです。ビデオカメラの場合には、私が毎日スイッチのオン・オフをしていましたが、これで操作はテー

図3.18　画面の表示　従来のビデオ機器には時刻表示がないため、時計から時刻を読みとるのが大変であったが、監視カメラ機器では画面に年・月・日・時刻が表示されるので、正確かつ敏速に記録がとれるようになった。

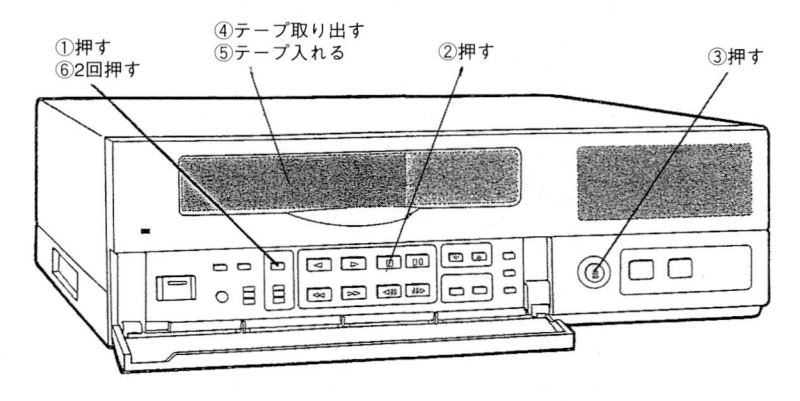

図3.19　監視カメラの操作　操作はテープ交換だけになり、ミスをする不安が少なくなった。

プ交換ぐらいになり、ミスをする不安が少なくなりました（**図3.19**）。機械に弱い私にとっては願ってもないことでした。

　残る欠点といえば、ビデオ機器の時と同様、撮影される範囲が限定されることですが、これは、機器を使った調査の限界といわざるをえません。

　もう一つの欠点というより難点は、撮影されたテープの整理ですが、この点については次の項でまとめて後述します。

　このように優れた機能を持った監視カメラですので、1997年以降は、1月1日から12月31日までの1年間の連続撮影ができるようになり、繁殖期以外のカワセミの生態も少しわかるようになりました。

◎撮影したテープの整理

　撮影したテープをまともに見れば、10時間撮影したものは10時間かかります。早回ししたとしても、6分の1くらいの時間はかかります。また、カワセミの姿が映っている時は何度か見直して記録をとりますので、やはり1～2時間はかかります。テープをためてしまうとやる気がなくなってしまいます。

　私は、繁殖期に撮影したテープは必ずその日のうちに整理していました（**図3.20**）。それは、その日の行動を調べ、次の日の行動を予測するためです。ですから、テープの整理が終わるのはいつも21時頃でした。このようなわけで、テープの整理の大変さは身をもって感じていました。

　監視カメラを導入してからは、1年間365日連続で撮影しているため、合計す

図3.20　ビデオテープの編集機器　10時間撮影したテープは、早回ししたとしても整理には2～3時間かかる。

ると約5000時間にもなります。年によっては半年間も繁殖地にカワセミが飛来しないこともあります。この時は、画面に映っているのは止まり木と巣穴だけで、これをまともに見ていては、大変な時間の無駄になります。

　最近のテレビのリモコンは非常に進歩していて、いろいろな機能があります。「早送り」のボタンを押すと、1日14時間撮影したものが4分ぐらいで整理できます。さらに「スピードリサーチ」機能を使えば、14時間撮影したものがわずか1分で整理できるのです。5日間撮影したものは約5分で終了してしまいます。

　早送りでカワセミの姿をとらえられるのかという疑問が出てきますが、長年の経験で私の動体視力はとぎすまされ、わずか数秒しか止まり木に止まらないシジュウカラでさえ、ほとんど見逃すことはありません。カワセミの場合は、餌捕りや水浴びを目的に飛来しますので、少なくとも数十秒は止まり木に止まりますから、決して見逃すことはありません。

　このように、1年間の記録を効率よく整理することにより長年の記録も蓄積され、カワセミの非繁殖期の行動も少しずつ判明してきました。

　また、止まり木にはカワセミ以外にもいろいろな野鳥が止まり、ビデオに撮影されます。ふだんのセンサス調査で見逃してしまったサンコウチョウ・サメビタキ・エナガ・カケスなども確認できましたし、自然教育園初記録のアオバト・オオコノハズク・ムギマキ・マミジロキビタキなども記録しました。カワセミ調査の副産物といえましょう。

◎赤外線ランプの活用

　2001年、産室内の撮影をするため、赤外線ランプを活用することにしました。詳しくは第8章で解説します。

◎調査システムの充実

　2009年、新しい機器の導入、機器の劣化防止、調査の能率化を図るため、新しいシステムを取り入れました。詳しくは第10章で解説します。

■3.4　カワセミの子育て ―生中継―

　自然教育園のような東京都心でのカワセミの繁殖は、大変珍しいことです。また、私の専門は「自然教育」ですので、何とかあのかわいいカワセミの姿や

生態を入園者の皆さんにもお見せしたいと思っていました。といっても、たくさんの人たちを繁殖地まで連れていくわけにはいきません。

あるテレビ局の人と話をしていた時、観察小屋と展示ホールをケーブルでつなげば生中継が可能だということを知りました。距離は約200mですので、そんなに経費はかからないはずです。問題は、いつの時期に実施するかでした。

カワセミの繁殖期は、造巣期・求愛期・抱卵期・育雛期、そして巣立ちという時期があります。造巣期は、親鳥が巣穴を掘っていますが、姿を見せる頻度はあまり高くありません。求愛期は、求愛給餌や交尾行動など感動的な場面は見られますが、時間的には短くすぐ終わってしまいます。また、抱卵期は2〜3時間に1回、長い時は5〜6時間に1回姿が見られるだけで、頻度はさらに低くなります。巣立ちは早朝5時頃行なわれることが多く、入園者が見ることはできません。やはり生中継は、頻繁に親鳥が雛に餌を運んでくる育雛期が最適ということになりました。

1994年第2回目の繁殖時、雛が孵った6月19日に、第1回「カワセミの子育て—生中継—」を開催しました（**図3.21**）。

この年は広報活動があまりできませんでしたが、それでも自然教育園を訪れた人は、親鳥が雛に餌を運ぶシーンを楽しんでいました。また、4日目あたりからメス親が失踪するというハプニングがあり、残されたオス親1羽で子育てをしていたため、いっそうの感動があったようです。

翌1995年は、8月9日から第2回生中継を開催しました（**図3.22**）。この年は多くのテレビや新聞で報道されたため、たくさんの人たちが自然教育園を訪れました。1番目についたのが、大きな望遠レンズを持ったカメラマンで、この人たちは、テレビの生中継よりも野外のカワセミそのものを写真に撮りたかったようです。

生中継のテレビの横には、「オス・メスの区別のしかた」・「餌の種類」などの写真や図を掲示して解説し、テレビの下には「今日は孵化〇日目」・「餌は1時間に〇回ぐらい運びます」と書いたパネルを置き、その日までに運んできた回数や餌の種類などの情報もお知らせしました。

この年もなぜか17日目にオス親が失踪し、その後はメス親1羽で子育てをしていました。

巣立ちの予定日の9月1日、職員5人で早朝から繁殖地で観察していました。1羽の雛が巣立った後は、親鳥がさかんに給餌していましたので、この日の巣立

3.4 カワセミの子育て —生中継—

図3.21 第1回「カワセミの子育て生中継」（1994年）　繁殖地からコードを引き、展示室のテレビでカワセミの子育ての様子を生中継した。この年は広報活動があまりできなかったので、参加者も少なかった。

図3.22 第2回「カワセミの子育て生中継」（1995年）　この年はテレビや新聞で広報されたため、たくさんの参加者があった。解説用パネルなども充実している。

ちはないと判断し、事務所に戻り、朝食後、展示室のテレビで生中継を見ていました。

　その時です。8時20分、突然、画面の右端にアオダイショウの頭が映り、1分もしないうちにするすると巣穴の中に入ってしまいました。4羽の雛が犠牲となってしまったのです。この時ほど、背筋がゾクッとして全身が身震いしたことはありません。まさに「地獄の悪夢」の生中継でした。

　2000年は、6月1日から第3回生中継を開催しました。この年こそ何もないことを祈りましたが、またも10日目にメス親が失踪してしまい、その後はオス親1羽で子育てをしていました。

ところが6月17日、生中継を見ていた入園者の方が、1時間も見ているけど親鳥が1回も来ないというのです。
　「いや、そんなはずはありません。必ず続けて来ますよ」。私はそう話していました。
　しかし、カワセミはその後も姿を見せませんでした。夕方5時、入園者は帰り、私一人残って7時まで画面を見ていました。やはり来ないのです。
　心配になり、翌日は朝4時頃から繁殖地で観察を始めましたが、親鳥はやはり来ませんでした。17日の15時40分を最後に、オス親も失踪してしまったのです。一大事件の発生ですが、続きは第5章で詳しく解説します。
　というわけで、2000年は生中継を見ていた入園者からオス親の失踪を知らされるという皮肉な結果となってしまいました。
　生中継は3回ともハプニングの連続でしたが、ふだん身近に見ることのできないカワセミの子育ての様子を、展示室内のテレビを通して入園者にお見せすることができました。臨場感を感じていただけたことと思います。
　なお、2008年に開催した第4回「カワセミの子育て－生中継－」は、前3回と異なり、産室内の雛の様子も生中継しました。詳しくは第9章で解説したいと思います。

第4章　カワセミの繁殖生態

1993年からは、ビデオ機器の導入もあり、これまでより長時間の記録を取ることができました。また、1997年に監視カメラを調査に使用するようになってからは、さらに詳細な記録が取れるようになりました。

とはいえ、すべての繁殖時に詳細な記録が取れたわけではありません。造巣期は1995年と2000年、求愛期は1993年の第1回目の繁殖時と2000年、産卵期と抱卵期は1995年と2000年、育雛期は1994年の第1回目の繁殖時と2008年第1回目の繁殖時、巣立ちは1993年の第2回目の繁殖時に集中して観察したものです。

また、カワセミ研究の専門家の方々からもいろいろな情報をいただきましたので、自然教育園の記録と合わせて、この章ではカワセミの繁殖生態について述べたいと思います。

■4.1　造巣期

◎カワセミの巣穴

カワセミという鳥は知っていても、カワセミの巣穴を知っている人は意外に少ないと思われます。入口は、ヘビかネズミが掘った穴のように見えるだけで、本体の巣穴は土の中に隠されていますので、カワセミが出入りしない限り、巣穴とは気づかないかもしれません（**口絵B1**）。日本の陸上の鳥の中で、土の中に巣を作るのは、ショウドウツバメとカワセミ・ヤマセミくらいだといわれています。

一般にカワセミは、垂直な赤土などの壁面に、入口の直径5〜9cm、奥行が0.5〜1mくらいのやや上り勾配のトンネル状の穴を掘り、奥にひしゃくを伏せたような広めの産室を作ります（**口絵A34**）。もっとも、巣穴の規格は一律ではなく、トンネルの奥行や勾配、曲がり具合などは、土質・石や根などの障害物によってそれぞれ違っているようです。

◎カワセミの穴掘り術

わずか体長17cmくらいのカワセミが、1mもの深い巣穴、しかも硬い赤土を何の道具も使わず、自分で掘るのです。これは、身長170cmの男が素手で直径50cm、深さ10mの穴を掘るのに匹敵します。どう考えても人間には不可能です。

はたして、カワセミの穴掘り術とはどんなものなのでしょうか。

カワセミの体の特徴として、嘴は長く、足は短く、3本の趾がくっついた合趾足になっていることは前述しましたが、この特徴ある嘴や足が、巣穴掘りの

時、いかんなく発揮されるのです。

　つまり、長い嘴は、赤土を掘るツルハシ、合趾足は、掘った土を外へかき出すジョレンのような働きをしているのです（**図4.1**）。また、短い足は、体と同じくらいの大きさのトンネルを行き来する時に好都合です。もし、ツルやサギのように長い足ですと、さぞかし不便だろうということが想像できます。

　このように、カワセミの嘴・足・趾は、餌を捕る以外に、繁殖、特に巣穴を掘る術にも適応させて変化してきたと考えられるのです。

◎巣穴の新築とリフォーム

　巣穴掘りの開始は、なかなか確認できません。というのは、カワセミが繁殖地に飛来する前から巣穴を作りそうな場所を観察していなければならないからで、ふつうは巣穴掘りが開始されてから気づくことが多いのです。さらに、奥深い巣穴の中でどのような行動をしているかを観察することは、これまた大変むずかしいことです。

　また、カワセミの巣穴掘りには、新たに巣穴を掘る"新築型"と、これまで使用されたことのある巣穴を手直しして使用する"リフォーム型"とがあり、巣穴掘りの方法や期間が違います。この本命の巣穴の他に、必ずといってよいほど予備の巣穴を掘ります。これは天敵対策や第2回目の繁殖の準備のためと考えられます。

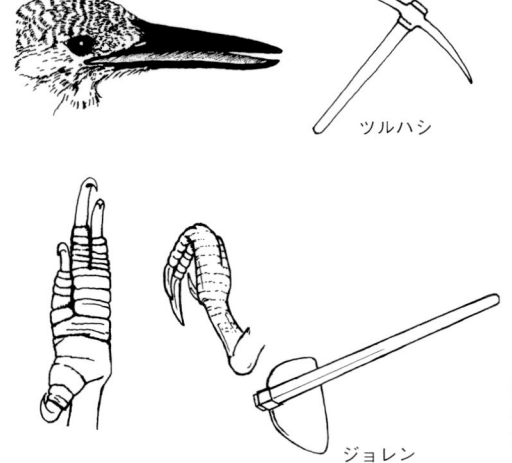

図4.1　カワセミの嘴と趾（原図作成：桑原香弥美）　長い嘴は赤土を掘るツルハシ、3本の趾がくっついた合趾足は土を外へ出すジョレンのような働きをしている。

なお、自然教育園にある「A」、「B」、「C」の巣穴（p.64、図4.5参照）は、いずれも1988年、1989年当時に掘られたもので、残念ながら"新築型"の巣作りの詳細な記録は残っていません。

また、巣穴をリフォームした時は、造巣期はずっと短くなるようです。自然教育園では、1995年と2000年にリフォーム型の造巣が「B」、「A」の巣穴で行なわれましたが、この時の巣穴掘りの実質所要時間は約12時間でした。

◎巣穴掘りはオスの仕事

八ヶ岳山麓での観察によると、巣穴掘りはオス・メス共同で開始されるそうです。メスが巣穴の位置を決め、入口となる場所に目印をつけると、オス・メス交互に嘴で赤土にアタックし、足場を作ります。足がかけられるようになると、巣穴掘りはもっぱらオスの仕事となり、1日10〜15cmくらい掘り進み、10日前後で産室まで完成するそうです。

自然教育園の場合には、オスが巣穴掘りをし、ほぼ完成した段階でメスを呼びにいくということが多いのです。

また、第1回目と第2回目の繁殖時では、巣穴掘りの期間やオス・メスの仕事分担などが違ってきます。一般的には、第1回目の繁殖時はオスが中心で期間も長いのですが、第2回目にはオス・メス共同で行ない、比較的短い期間で終了します。

◎1993年の巣穴掘り

自然教育園での巣穴掘りの観察例を見ますと、1993年は、4月3日より本格的な巣穴掘りが開始されました。使用した巣穴は「A」でこれまで1988年第1回目、1989年第1回目・第2回目、1990年（繁殖不成功）の繁殖時に使用された巣穴です。常に巣穴掘りをしているわけではなく、ただ長時間止まり木に止まっていたり、下の池からザリガニなどを捕っていることが多かったのですが、5月3日メスが繁殖地に出現するまでの約1ヵ月間、オス単独による巣穴掘りが行なわれていました。

また、第2回目の巣穴掘りは、第1回目の育雛期中の6月13日から巣穴「B」でオス・メス共同で行なわれました。巣穴「B」は、1989年第2回目の繁殖時に掘られた深さ27cmの未完成の巣穴です。6月13日から20日頃までは、オス・メス共同で巣穴掘りをすることが多かったのですが、21日以降はオス・メスの

どちらかが単独で巣穴掘りをするようになりました。特に後半は、メスがかなりの長時間巣穴の中に留まることが多く、おそらく産室の最後の仕上げをしていたものと推測されました。

◎1994年の巣穴掘り

　1994年は、3月19日よりオスによる巣穴掘りが確認されました。この時使用した巣穴「B」は、1993年の第2回目の繁殖時に使用された巣穴です。翌3月20日には、メスも確認されましたが、時々繁殖地に飛来する程度で、熱心に巣穴掘りに参加しているとは感じられませんでした。しかし、後半の4月2日、3日には、メスは、巣穴の中に長時間留まり、産室の最後の仕上げを行なっていました。

　また、第2回目の巣穴掘りは、第1回目の育雛期13日目の5月14日から開始されました。この時使用した巣穴「C」は、1993年の第2回目の繁殖時に掘られたものですが、奥行約7cmの未完成の巣穴でした。オスは、雛の給餌の合い間をぬって、連日のように巣穴掘りをしていましたが、中盤になるとメスも参加し、共同で巣穴掘りを行ない、後半には、やはり、長時間にわたりメスによる産室の最後の仕上げが行なわれていました。

◎1995年の巣穴掘り

　1995年は、3月9日より巣穴掘りが開始されました。しかし、メスが繁殖地に現われないため、約4ヵ月間、オスは巣穴掘りに終始していました（**図4.2**、図

図4.2　巣穴掘りをするカワセミのオス　嘴の先には泥がついている。

第4章　カワセミの繁殖生態

図4.3　巣穴から出てきたカワセミ（撮影：三枝近志）　巣穴掘りで嘴の先には泥がついている。

4.3）。これまでに使用されたことのある巣穴「A」、「B」、「C」のリフォームと、新たに「D」、「E」の二つの予備の巣穴の新築と、計五つの巣穴掘りをしていたことになります。

巣穴「A」は、これまで一番使用頻度の高い巣穴ですが、止まり木との位置の関係で巣穴掘りはむずかしいとみえ、合計約19分間巣穴の中に入った程度でした。

巣穴「B」は、この年実際に繁殖時に使用された本命の巣穴で、オスは繁殖地に出現した時には必ず巣穴掘りをしていました。3月〜7月までの4ヵ月間に71日間にわたり、359回巣穴の中に入り、合計約11時間39分巣穴掘りをしていました。

巣穴「C」は、6月初旬から中旬にかけて集中的に作られていました。結局52日間にわたり、224回巣穴の中に入り、合計約4時間19分巣穴掘りをしていました。

巣穴「D」は、まったくの新しい巣穴で、止まり木からホバリング（停空飛翔、**口絵A9**、**A10**）とアタックをくりかえし、赤土の壁面を嘴でつつくことから始まりました。最初の頃は20〜30回でしたが、その後、4月30日83回、5月19日121回、5月26日105回、5月29日222回と多くなり、6月10日には、カワセミの全身が入るほどの奥行（推定15cm）になっていました。

その後は巣穴の中での作業が多く、6月10日35分間、6月12日27分間、6月13日58分間、6月18日76分間、6月28日55分間とかなり長時間巣穴の中に滞在していましたが、結局、奥行約46cmの未完成の巣穴に終わりました。

また、巣穴「E」は、奥行約11cmの未完成の巣穴に終わっています。

◎2000年の巣穴掘り

2000年は、3月28日から巣穴への出入りが確認されました。使用した巣穴は「A」で、これまで5回使用されているリフォーム型の造巣です。

造巣期間は3月28日から4月27日までの31日間で、オスの繁殖地飛来回数177回、繁殖地滞在時間は約50時間で、そのうち造巣回数は258回、約11時間50分でした。造巣は中期の4月4日から14日と後期の4月24日から27日に集中していました（図4.4）。

なお、造巣期中の4月12日に2回、13日に1回、オスがモツゴの頭を嘴にくわえて飛来していましたが、メスがいないためオス自身が食べるという行動が観察されています。繁殖地周辺にメスがいたと推測されます。

◎巣穴の位置

前述のように、カワセミの巣穴は、一度使用したものをリフォームして使用することもありますし、繁殖に使用する巣穴以外に予備の巣穴（未完成の場合が多い）を掘ることもあります。

自然教育園の場合、繁殖地の壁面は高さが約2mあり、巣穴は全部で五つありますが、これらの巣穴は、崖上から約69〜110cm、崖底から100〜132cmの範

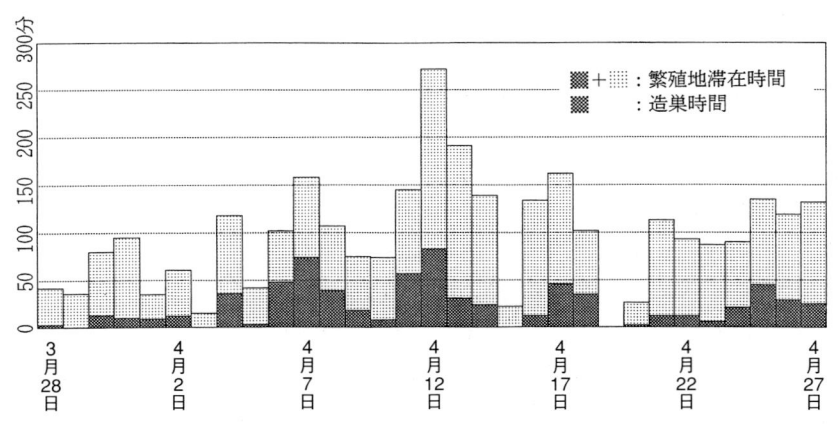

図4.4　造巣期のオスの行動（2000年）　造巣は4月4日〜14日までの11日間、24日〜27日までの4日間に集中していた。

第4章　カワセミの繁殖生態

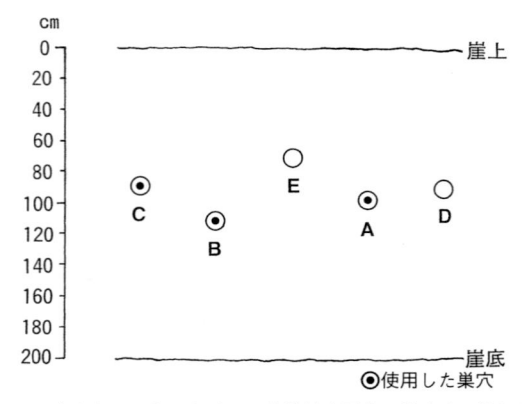

図4.5　巣穴の位置　1988年から1995年にかけて、自然教育園内の繁殖地に掘られた巣穴は五つあり、壁面にほぼ横一線に並んでいる。その巣穴が掘られた年、使用された年、入口の大きさ、巣穴の奥行などは次のようになる。

《巣穴A》　1988年の第1回目の繁殖時に掘られた。その後、1989年の第1回目・第2回目、1990年の第1回目（この時は繁殖不成功）、1993年の第1回目、2000年・2008年第1回目の繁殖時に使用。巣穴の入口は、直径7.0×6.5cm、奥行約77cm、勾配約20度でやや上向きに掘られている。

《巣穴B》　1989年の第1回目の育雛期の後半に掘られた。この時は奥行が約27cmで未完成。1993年の第2回目の繁殖時にリフォームして使用。その後、1994年の第1回目繁殖時、1995年の繁殖時に使用。巣穴の入口は、直径6.0cm×5.5cm、奥行約70cm、勾配約25度とかなりの急勾配で、奥の方へ向かって左へカーブしている。

《巣穴C》　1993年の第2回目の繁殖時に掘られた。この時は奥行が約7cmで未完成。その後、1994年の第2回目の繁殖時にリフォームして使用。2008年第2回目の繁殖時も使用（ただし育雛期初期に放棄）。巣穴の入口は、直径7.5cm×7.0cm、奥行約54cm、勾配約25度でやはり左の方へカーブしている。

《巣穴D》　1995年の繁殖時に掘られた。巣穴の入口は直径7.0×6.0cm、奥行は約46cmで未完成のまま。

《巣穴E》　1995年の繁殖時に掘られた。巣穴の入口は直径7.5cm×6.5cm、奥行は約11cmで未完成のまま。

囲で、ほぼ横一線に並んでいます（**図4.5**）。これは、上部からのヘビなどの天敵の攻撃、下部からの増水に対する対策として、親鳥が本能的にこの位置に巣穴を掘っているためと推測されます。

■4.2　求愛期

◎巣穴のアピール

オスは、メスが繁殖地にやってくると、この時期にしか見られない独特の行動をとります。それは、巣穴の中に数十秒から数分間入り、巣穴を出ると止まり木にも止まらず1〜2秒でトンボ返りし、再び巣穴に入るという行動です。この行動は、1995年と2000年にも確認されています。

4.2 求愛期

2000年の時には、この行動が求愛期初日6時20分から7時48分までの約1時間

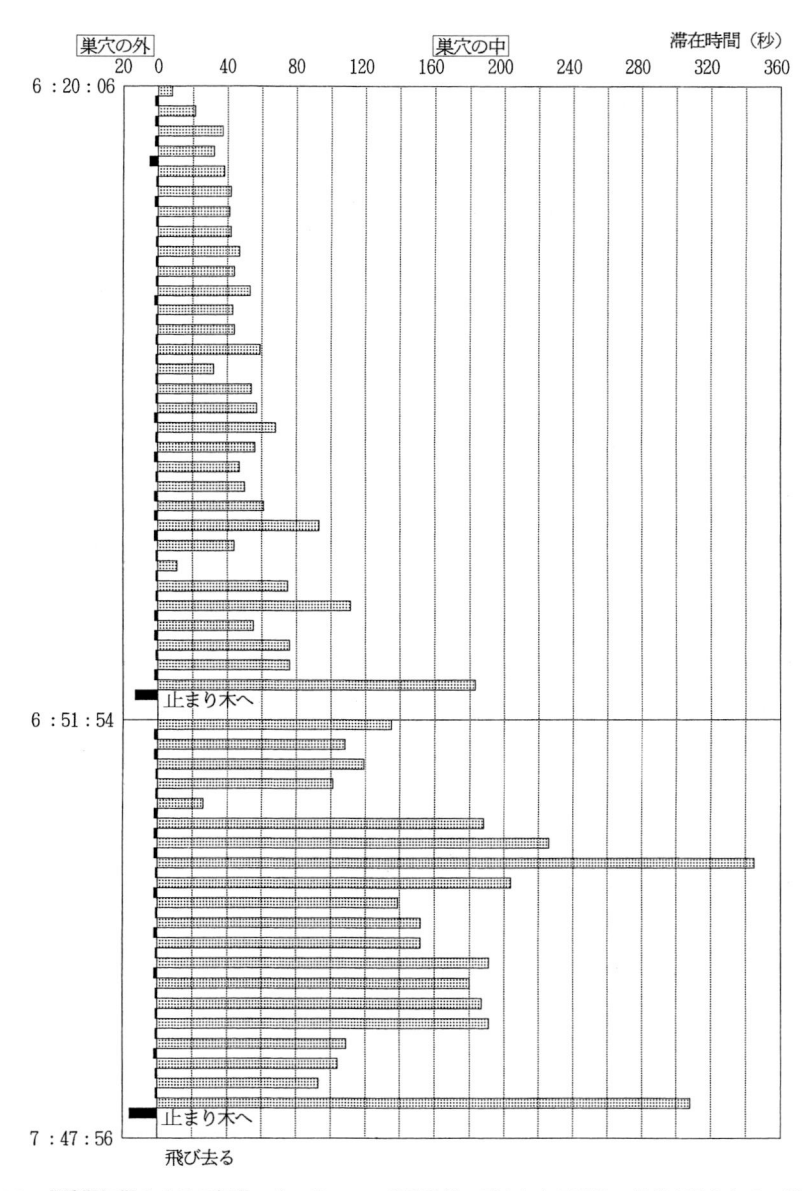

|巣穴の外| |巣穴の中| 滞在時間（秒）

6：20：06

6：51：54 止まり木へ

7：47：56 止まり木へ
飛び去る

図4.6　求愛期初期のオスの行動　オスは、メスが繁殖地に飛来した日独特の行動が見られる。巣穴の中を出たり、入ったりする行動である。1時間30分の間に51回も繰り返していた。

半の間に何と51回も繰り返し見られました（**図4.6**）。ただし、その後は急激に少なくなります。これは、おそらくメスへの巣穴のアピールだと思いますが、なぜこのような行動をとるのか、また、巣穴の中でどのような作業をしているのかは、現在のところ不明です。

　一方メスは、ほぼ1日中止まり木に止まり、オスの行動を見ているだけという印象です。

◎求愛給餌と交尾行動

　求愛行動は、巣穴掘りと並行して行なわれます。この行動の特徴は、オスがメスに餌をプレゼントすることと、ときどき交尾をすることです（**口絵A21～A24**）。

　1993年第1回目の繁殖時、5月3日、求愛給餌は21回もありました。その後も1日6～7回と、毎日のようにオスはメスに餌をプレゼントしていました。5月3日から16日までの14日間に何と133回もの求愛給餌が行なわれたことになります。5月3日から16日までの求愛期中の前半5日間、オスはほとんど10秒以内で飛び去っています（**図4.7**）。この時、オスは交尾行動を起こさないか、起こしたと

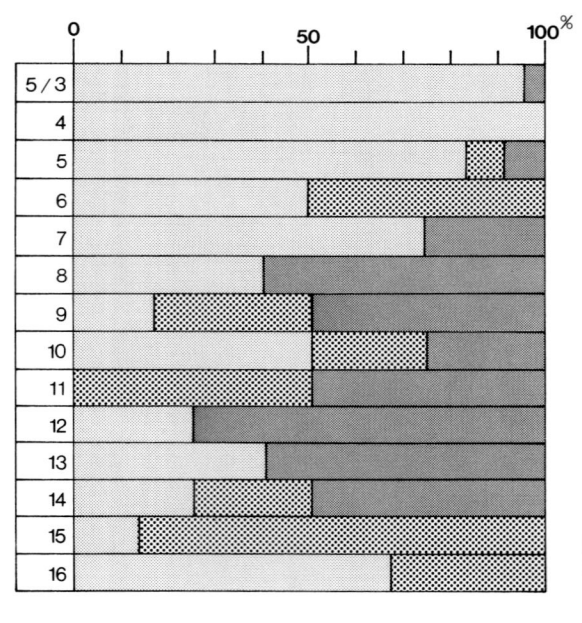

図4.7　求愛給餌をしてからオスが飛び去るまでの時間（1993年第1回目）　はじめの数日は10秒以内で飛び去ることが多いが、後半になると止まり木に長時間止まっていることが多くなる。

しても、メスが止まり木から滑り落ちたり、交尾を拒否する行動がしばしば見られました。そして、オスが止まり木で31秒以上待つことが多くなる9日から12日にかけて交尾行動が集中しています（**図4.8**）。

このように、オスがメスに給餌したあと、飛び去るまでの時間の長さと交尾行動には密接な関係があるということがわかりました。

実際には交尾が成功したと思われるのは、

　　5月9日10時19分、
　　5月10日12時58分、14時30分、
　　5月11日 7時43分、14時39分、
　　5月12日 7時28分、
　　5月16日15時55分

の7回くらいで、いずれも8秒から10秒の短い時間でした。つまり、交尾の成功

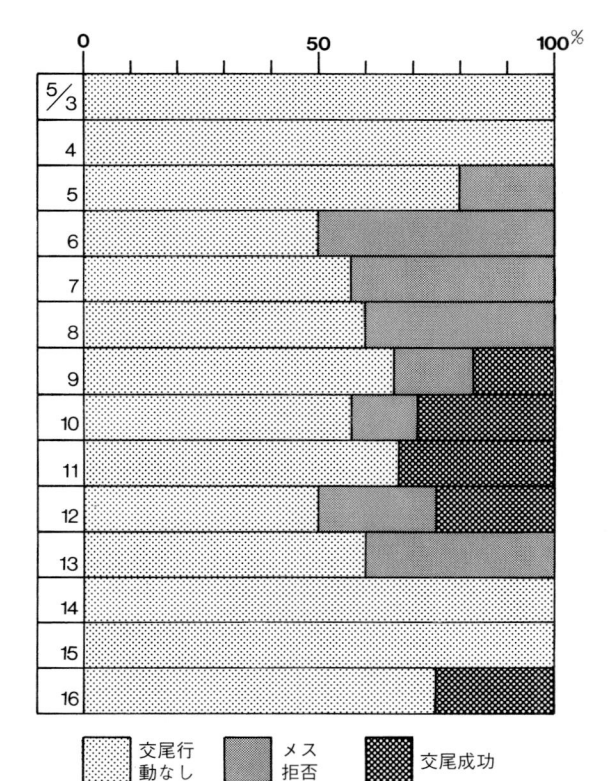

図4.8　交尾行動の頻度（1993年第1回目）　前半と後半は、交尾行動はないが、交尾の成功は5月9日から12日に集中している。

率は133分の7ということになります。

なお、プレゼントの餌の種類は、初日の5月3日はすべてザリガニでしたが、2日目はザリガニが60％、モツゴ30％、3日目以降はほとんどがモツゴでした（図4.9）。また、餌の大きさは、小10％、中40％、大40％、特大9％と中や大が多い傾向にありました。

1995年は、7月14日午前10時頃、繁殖地でオス・メスが確認され、例年になく遅い繁殖が始まりました。

オスは、メスを誘導しようと巣穴の中に入ったり出たり、メスに餌をプレゼントしたり、交尾をしたり、また、餌を持たずに止まり木に来たり、持ってきた餌をオス自身が食べるなど、さまざまな行動が見られました（図4.10）。これらの行動は、7月14日から7月23日の早朝まで見られました。

求愛期初期の14日から18日までは、早朝より夕方まで求愛給餌や交尾行動がさかんに行なわれていることがわかります。18日早朝のメスの産卵開始（推定）後は、交尾行動が急激に減り、求愛給餌も午前中で終了しています。その後、19日〜21日までは、交尾行動もほとんどなくなり、午前中わずかに求愛給餌が行なわれるくらいですし、オスが餌なしで飛来することも多くなっています。

また、抱卵期に入った22日、23日には求愛給餌もほとんどなくなり、持って

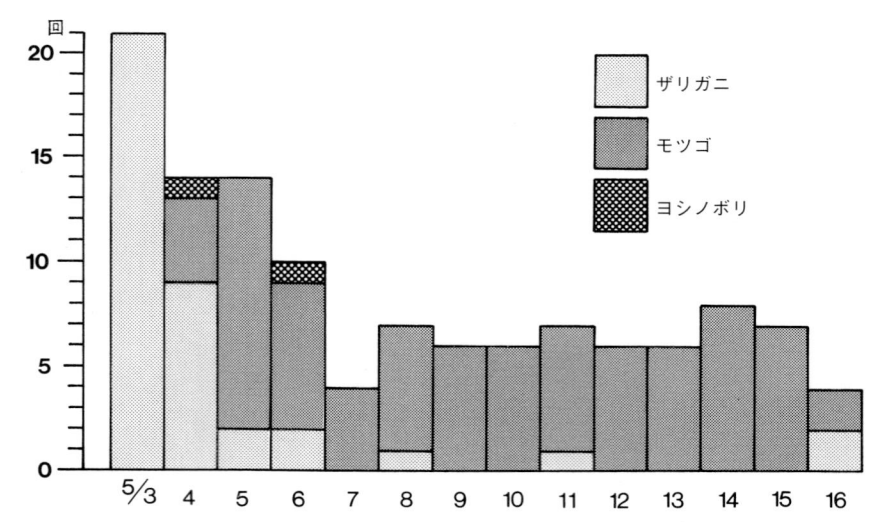

図4.9　プレゼントの回数とエサの種類（1993年第1回目）　最初の2日間はザリガニが多かったが、3日目以降はほとんどがモツゴであった。

きた餌をオス自身で食べるという行動も観察されています。

　2000年は、4月28日から5月12日までの求愛期に、オスからメスへのプレゼントが186回ありました。抱卵期に入ってからも7回ありましたので、合計しますと193回にもなります。これまでの一番多かった1993年のペアの133回に比べてもかなり多い回数といえます。

　オスがメスに餌をプレゼントしたあとに交尾行動がよく見られます（**図4.11**）。求愛期中に交尾行動は99回観察されていますが、そのうち71回はメスに拒否されています。残りの23回も交尾の成否は明らかではありませんが、確実に交尾が成功したと思われるのは、

5月5日11時07分、

5月6日10時03分、11時08分、

5月7日6時30分、9時04分

の5回くらいです。

　このように、1993年第1回目繁殖時、2000年繁殖時は、求愛期中期に交尾行動が集中していたこと、交尾成功率が低いことなどが確認されています。しかし、1995年の繁殖時は、交尾行動が求愛期前半にあったこと、交尾成功率が高いことなど違ったパターンを示していました。これは繁殖期の早い遅いや、メスの成熟度などが違うためと考えられます。

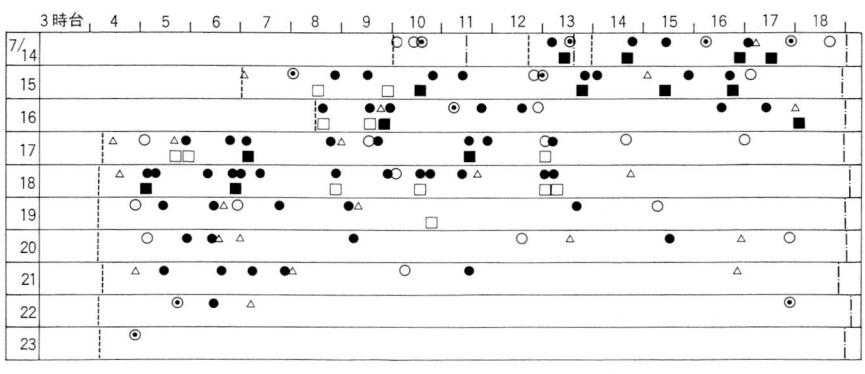

図4.10　求愛期におけるオスの行動（1995年）　14日〜17日にかけては夕方まで求愛給餌や交尾行動がさかんに行なわれているが、18日早朝産卵開始（推定）後は、交尾行動が急激に減り、求愛給餌も午前中に集中している。

第4章　カワセミの繁殖生態

図4.11　交尾　オスがメスの上にのり、交尾が行なわれる。8〜10秒の比較的短い時間で終了する。

■4.3　産卵期

◎カワセミの卵

　鳥の卵は、種類によって、大きさ・形・色・模様などさまざまです。カワセミの卵は、長径約22mm、短径約18mmぐらいの丸い形をしています。色は純白で斑はありません（**図4.12**）。
　卵の形が丸いのは、土の中や樹洞に巣を作る鳥に共通している点で、巣から卵が転がり落ちる心配がないためです。
　また、色が白色で無斑なことは、土の中や樹洞の中の巣では、天敵から卵を守るためにカムフラージュをする必要がなく、かえって暗い巣の中では、親鳥が踏み潰さないよう目立つ白色の方が合理的だからと思われます。
　このように、カワセミの卵はできるだけたくさんの子孫を残すように適応してきたのでしょう。

4.3 産卵期

図4.12　カワセミの卵
形は丸く、色は白色で無斑。

◎産卵数の推定

　これまで、自然教育園で繁殖したカワセミの1回あたりの産卵数は、雛の巣立ち数から計算しますと、6〜7個の範囲でした。しかし、産卵期は、抱卵期や育雛期と比べると特徴的な行動もなく、巣穴の中での行動を見ることもできないため、産卵数などを推定するのはとてもむずかしいことです。ファイバースコープなどを使って巣穴の中を観察すれば、確実に確認できるのですが、他の方法で産卵数の推定を試みてみました。

　1995年には「迎賓館カワセミ新館」を建て、止まり木と巣穴が同時にビデオの画面に映るようにしましたので、これまでより巣穴の出入りの確実な記録がとれます。これを見て、つがいの行動、特にメスの行動に何か特徴があれば、いつから産卵に入ったのか予測することができるはずです。

　この年、オスが、メスへの求愛給餌や交尾行動に忙しかった間、メスは、ほとんど止まり木に止まっていました。しかし、7月15日、メスの巣穴に入る頻度が多くなり、翌々日（7月17日）の15時47分、ついに巣穴の中に入ったまま出てこなくなりました。メスは巣穴の中で夜を過ごしたのです（**図4.13**）。

　ひょっとするとこの日が産卵前夜でしょうか。そうだとすると、翌18日から産卵が開始されたことになります。カワセミぐらいの小さな鳥は、普通1日に1個ずつ卵を生むといわれていますので、抱卵期に入った22日までに5個の卵が産まれたと推定しました。実際の産卵数は、巣立った雛の数や、雛の孵化直後に親鳥が巣穴から運び出す卵の殻で5個と確認することができました（**図4.14**）。

　こうして、推定産卵数が当たっていたことがわかりましたが、その後は、メ

第4章 カワセミの繁殖生態

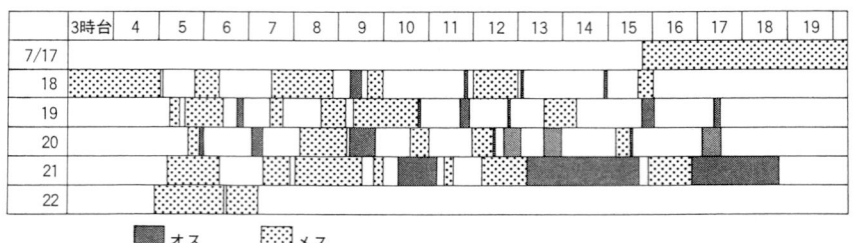

	3時台	4	5	6	7	8	9	10	11	12	13	14	15	16	17	18	19
7/17																	
18																	
19																	
20																	
21																	
22																	

■ オス　▨ メス

図4.13　産卵期にオス・メスが巣穴に滞在した時間（1995年）　7月17日の夜にメスが巣穴に留まっている。翌18日が産卵開始と推定される。

図4.14　卵の殻を運び出す親鳥（ビデオ画面より転写）　雛の孵化直後に、親鳥が巣穴から運び出す卵の殻の数で、雛の数を推定することができる。

スが産卵前夜から巣穴で過ごさないことがあることもあり、産卵開始の決め手とはいえません。

　他の文献にも類似の記載はありませんので、今後の課題といえるでしょう。

◎産卵期中の抱卵

　ふつう、小鳥類は朝1日1個ずつ卵を産み、タカやカモメなどの大型の鳥は1日おきか数日おきに卵を産むといわれています。また、親鳥が、すべての卵を産み終えてから抱卵するものと、産卵の途中から抱卵に入るものの二つのタイプがあります。

　サギ類のように同じ巣の中に先に孵った大きな雛と後から孵った小さな雛がいることがあります。これは、餌の少ない時には、小さな雛は餓死しても、大

4.3 産卵期

きな雛だけでも生き残り、雛の全滅を避けるための適応と考えられています。

カワセミの場合には、1日1個の卵を産み、すべての卵を産み終えてから抱卵に入るといわれています。しかし、1995年には、産卵期中から抱卵していることが確認されました。繁殖開始が遅かったので、2羽でも3羽でも早く巣立たせたかったのかもしれません。また、2000年にも産卵期中の抱卵が確認されました。この時は、正常な繁殖開始でしたので、最初に産まれた卵が冷え切ってしまわないよう、成長は進まない程度に抱卵している可能性もあります。

1995年の繁殖時、オス・メス合計の抱卵時間は

産卵開始日（7月18日）	8時間34分
2日目	4時間47分
3日目	4時間03分
4日目	10時間58分

で、5日目からは本格的な抱卵期に入っています（**図4.15**）。

2000年の繁殖時には、オス・メス合計の抱卵時間は

産卵開始日（5月7日）	2時間20分
2日目	2時間49分
3日目	2時間04分
4日目	3時間46分
5日目	3時間59分
6日目	6時間39分

で、7日目から本格的な抱卵期に入りました。

いずれにしても、産卵期中に抱卵することは確かなようです。

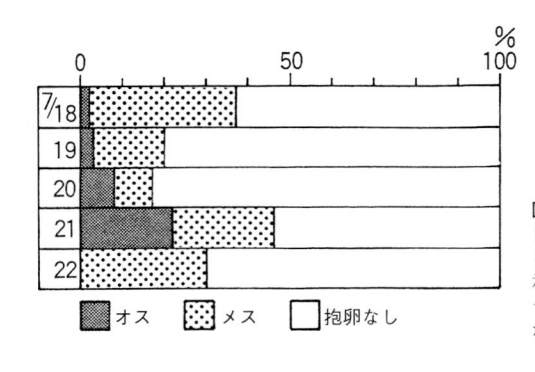

図4.15 産卵期の抱卵時間 1日（24時間）のうちでどのくらいの時間抱卵していたかを示したものである。1日の20%〜50%抱卵していたことがわかる。

■4.4 抱卵期

◎昼間はオス・メス交替、夜間はメスが抱卵

　1988年・1989年の繁殖時には、数時間ブラインドの中で観察していてもカワセミの飛来回数が少なく、抱卵期のデータは何一つ得られませんでした。しかし、ビデオ機器を導入してから、少しずつ抱卵期の様子がわかるようになり、交替の時刻や交替の仕方などにある程度規則的なパターンがあることがわかりました。

　1993年の第1回目の繁殖時に交替の様子を調べたところ（**図4.16**）、巣穴の中の出入りを確認できたのは、オス21回、メス19回で、平均抱卵時間はオス156

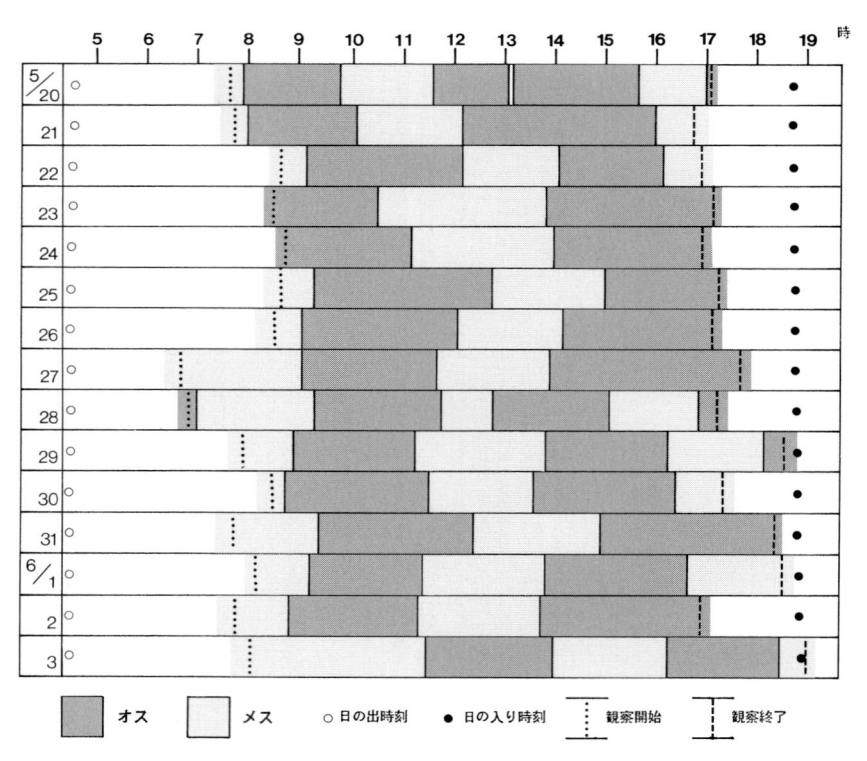

図4.16　抱卵期におけるオス・メスの抱卵時間（1993年第1回目）　早朝・夕方の観察はしていないが、昼間に限るとオスの方が30分から1時間長く抱卵していることがわかる。

分、メス130分でした。昼間は、オス・メス交替で抱卵し、オスの方が30分〜1時間ほど長く抱卵しているということがわかりました。

では、夜間はどちらが抱卵するのでしょう。岐阜の三浦勝子さんの観察記録には、必ずメスが巣穴に留まり抱卵するとありますので、自然教育園ではどうか確かめることにしました。

1993年の第2回目の繁殖時、抱卵期中すべてを観察するのは大変ですので、7月9日から10日間に限り、日の入り後まで連日観察した結果（**図4.17**）、自然教育園でも、毎日うす暗くなってからメスがやってきて、オスと交替します。この頃の東京の日の入り時刻は18時57分前後ですので、日の入り前20分から日の入り後5分くらいの間にメスがやってくることがわかりました。

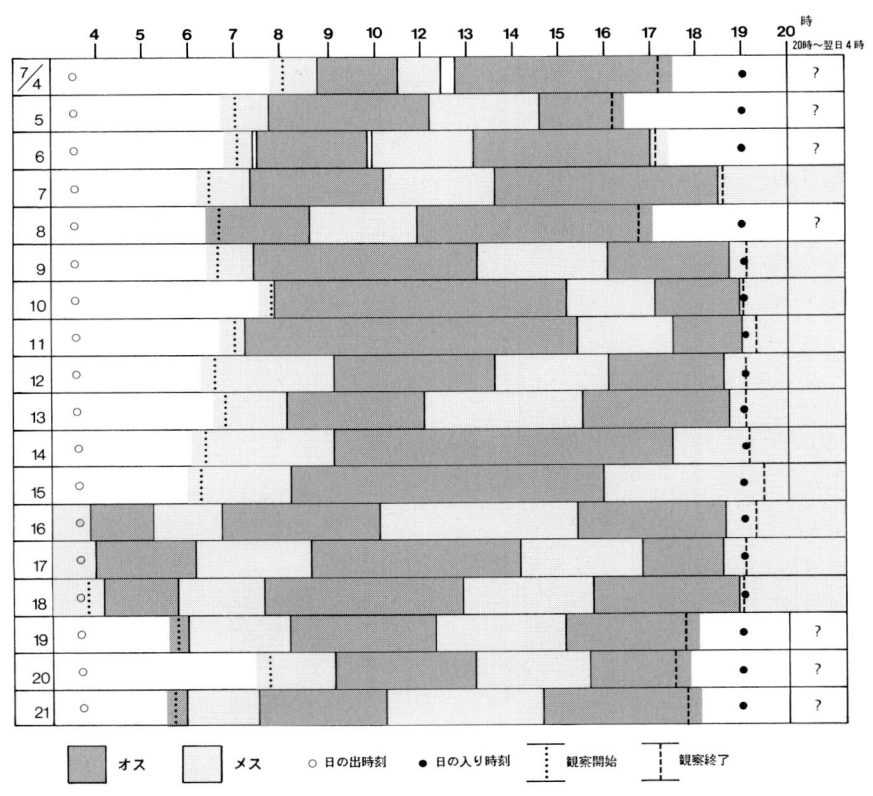

図4.17　抱卵期におけるオス・メスの抱卵時間（1993年第2回目）　夜間は必ずメスが抱卵すること、そして、早朝5時頃オスとメスが交替することがわかる。

◎規則正しい早朝の交替

夜間は、メスが抱卵することがわかりましたが、翌朝の交替は何時頃行なわれているのか、新たな疑問が生まれてきました。早朝の観察は、夕方よりも大変ですので、6月16日から18日までの3日間に限って行なうことにしました。

この頃は、カワセミが何時頃から行動を開始するのか予想がつきませんので、6月16日は早朝3時に家を出て、3時20分に自然教育園に着き、観察の準備をしていました。まだ、あたりは真暗です。待つこと1時間30分、4時53分オスが止まり木にやってきてメスと交替しました。翌17日は4時59分、18日は5時8分に交替がありました。なお、この頃の日の出時刻は4時37分ですので、オスは日の出から15分から30分後に、必ず朝一番の交替に来ることがわかりました（**図4.17**）。

その後、1994年にも同様の観察をしましたが、早朝の交替時刻は非常に規則正しいことがわかりました。

◎交替のパターン

抱卵期にオス・メスが交替する際、次のようなパターンがありました。この行動は、卵の発生が進んでいる段階なので、できるだけ間をあけず確実に交替するためのオス・メスの合図だと思われます。

① オス・メスともに止まり木の上で、それぞれ頭を上に向け、背伸びをしながら激しく鳴き合い、抱卵を終えた方が激しく鳴きながらジェット機の如く飛び去るパターン。抱卵期の初期にしばしば見られました（**図4.18**）。

図4.18 交替のパターンその1（ビデオ画面より転写） オス・メスともに止まり木の上で背伸びしながら激しく鳴き合う。後に抱卵を終えた方が激しく鳴きながら飛び去る。

② 一方が「チイーッ」と鳴きながら飛んできて止まり木に止まると、巣穴の中で抱卵していたもう一方が止まり木に止まらず、巣穴から直接「チイーッ」と鳴いて飛び去るパターン。この時、止まり木にいる方は頭を上に向け、背伸びをする姿勢をとっています。抱卵期の中期・後期によく見られました（**図4.19**）。

③ メスが無言で止まり木に飛来し、しばらくしてから巣穴に入り、その後10秒くらいでオスが巣穴から出て飛び去るパターン。つまり、巣穴の中での交替です。夕方最後の交替の時によく見られました。

この他、20〜30分の短時間ではありますが、オス・メスとも巣穴の外で交替し、巣穴の中は卵だけというケースも見られました。

◎完全な記録への挑戦

1993年・1994年の抱卵期の観察で、昼間はオス・メス交替で抱卵すること、夜間はメスが巣穴に留まり抱卵すること、第1回目の早朝の交替は規則正しいことなどがわかってきました。

しかし、断片的な記録であり、機会があれば抱卵期の完全な記録を取ってみたいと思っていました。1995年そのチャンスが巡ってきました。

前に述べましたが、1995年に建設した新しい観察小屋「迎賓館カワセミ新館」からは止まり木と巣穴が一つの画面に映るようにセットされていますので、カワセミの巣穴への出入りが確実に記録できるようになりました。あとは、ビデ

図4.19　交替のパターンその2（ビデオ画面より転写）　一方が止まり木に止まると、抱卵していたもう一方が止まり木に止まらず、巣穴から直接飛び去る。

第4章　カワセミの繁殖生態

オでは撮影できない早朝と夕方の暗い時間帯をどうするかという問題です。

実は、後述しますが1994年の第1回目の育雛期には、雛が孵化してから巣立ちまでの前後を含めた27日間、早朝より夕方までの完全な記録を取った実績がありましたので、頑張ればできるという自信はありました。

抱卵開始日の7月22日は、東京での日の出時刻が4時41分頃です。早朝3時30分起床、3時50分自宅を出発、4時10分自然教育園到着、そして4時20分頃より観察を開始します。5時30分頃になりますと、ビデオ撮影が可能ですので帰宅し、8時30分頃自然教育園に再度出勤します。

また、日の入りの時刻は18時54分頃ですから、17時頃より19時まで観察小屋にこもります。

抱卵期は、早朝・夕方ともオス・メスの交替は、1回チェックすれば終了しますので、育雛期に比べれば比較的楽な観察といえます。

この時は、7月17日の産卵開始から8月10日の雛の孵化2日目までの25日間頑張りました。その間トラブルもミスもなく、抱卵期19日間の完全な記録を取る

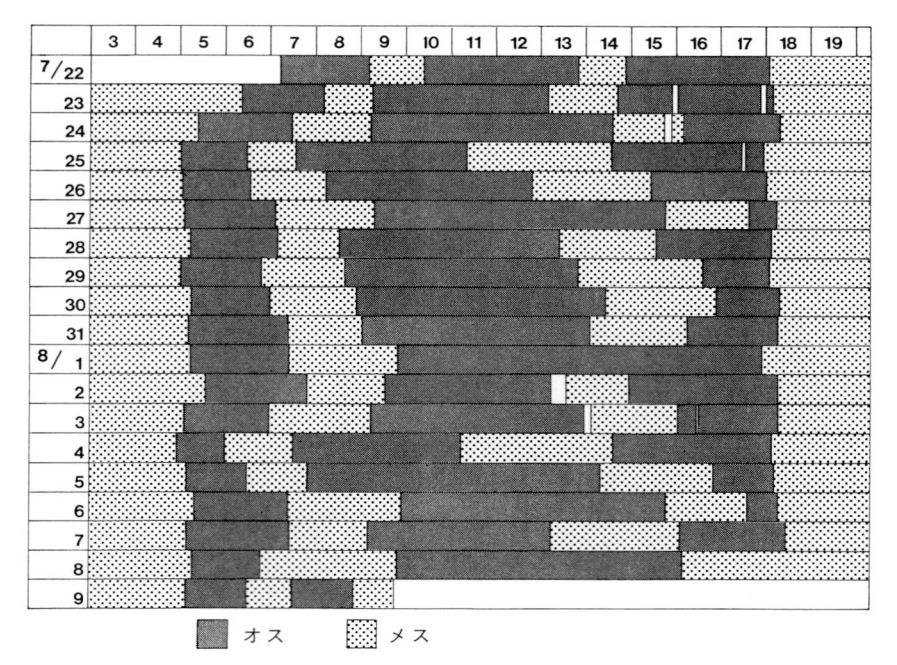

図4.20　抱卵期におけるオス・メスの抱卵時間（1995年）　7月22日抱卵開始から、8月9日雛の孵化までの19日間の抱卵期の完全な記録である。

4.4 抱卵期

ことができました（**図4.20**）。

◎1日6交替制

調査の結果、カワセミの抱卵は、オス・メス交替で基本的には1日6交替制であることがわかりました。6回の抱卵時間帯の時間・特徴は次のようなものです（**図4.21**）。

《第1回目》

早朝5時頃、オスが止まり木に止まり、夜間抱卵していたメスと交替する。このオスの第1回目の抱卵時間は、最長2時間16分、最短1時間4分で平均1時間50分。他の交替の時間帯に比べ変動の幅が少なく、また、オスの抱卵時間としてはとても短い。

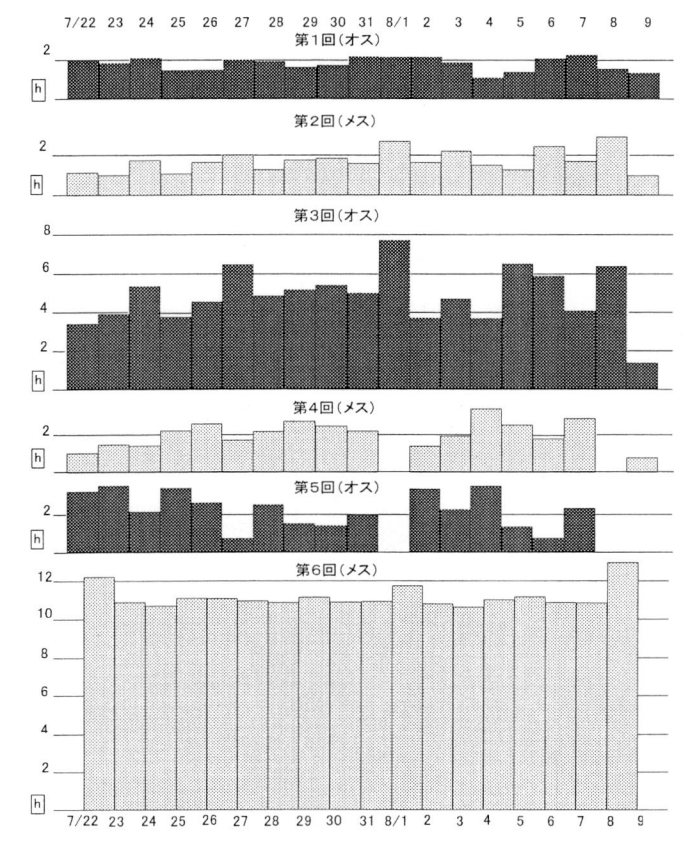

図4.21 交替回ごとのオス・メスの抱卵時間（1995年） 各回ごとに時間の長さ、変動の幅にそれぞれ特徴がある。

この第1回目の抱卵時間が短いのは、夜間あるいは早朝に、十分な餌の捕れないオスへのメスの配慮と推測される。

《第2回目》
　メス分担の抱卵時間は、最長2時間58分、最短1時間で平均1時間37分。比較的変動幅も少なく、6回の中でも最も短い抱卵時間帯。

《第3回目》
　オス分担の抱卵時間は、最長7時間44分、最短3時間25分、平均4時間50分。とても長く変動幅も大きい。特に8月1日と8月8日の2日間は、メスが第4回目の抱卵をすっぽかしたため、オスはそれぞれ、7時間44分、6時間23分と長時間抱卵していた。この両日は、4回目、5回目の交替がないので、1日4交替ということになる。この時、興味深い行動が見られた。8月2日、オスは、第3回目の抱卵時間帯に普段より早く巣穴を飛び出し、おそらく園内にいるメスを呼びに行ったと推測される。翌8月3日にも同じような行動が見られた。8月1日、メスにすっぽかされて、7時間44分も巣穴にいたのがよっぽどこたえたのだろう。この年は、オスとは半年近くお付き合いがあったので、その気持ちは私にもよくわかる。

《第4回目》
　メスの分担の抱卵時間は、最長3時間21分、最短1時間23分で平均1時間59分。メスにしては変動の大きい抱卵時間帯といえる。

《第5回目》
　オス分担の抱卵時間は、最長3時間30分、最短44分、平均で2時間16分。短時間ではあるが、変動の大きい時間帯。

　夕方18時頃、メスが最後の交替に来るが、一番早い時刻が8月1日の17時56分、一番遅いのが8月7日の18時27分と30分の差があった。その他の日は、18時10分から20分の間に集中している。なお、7月27日・8月6日の両日は、オス・メスの交替がやや不規則で、第5回目の交替を17時30分頃している。この時、オスの抱卵時間は、それぞれ43分、44分と他の日には見られないほどの短時間で、メスが夕方18時頃交替に来ている。メスは必ず18時の門限を守って帰ってくるようで、なんともほほえましい光景である。

《第6回目》
　最後のメス分担の抱卵時間は、最長12時間58分、最短10時間38分、平均11時間11分。夜間、メスが巣穴に留まるため長時間であるが、その割には変動の小さな時間帯といえる。

◎抱卵時間は約430時間

　1993年第1回目の繁殖時の抱卵期は15日間、第2回目は18日間、1994年の第1回目は20日間、第2回目は18日間でした。しかし、これらの年は早朝・夕方の

観察をしていませんので、完全な記録とはいえません。

1995年の繁殖時の抱卵期は、早朝から夕方までの記録も取りましたので完全と思われます。7月22日7時13分産卵を終えたメスが出たあと、オスが巣穴に入った時点で開始、8月9日9時44分オスが雛へ第1回目の給餌に来た時、メスが巣穴を出た時点で抱卵期が終了しました。

その間、オス・メスが巣穴の中で卵を抱卵していた合計時間は、434時間31分という計算になります。

このうち、オスは162時間28分（37.4％）、メスは265時間27分（61.1％）で、やはり、夜間長時間巣穴に留まるメスの方が、抱卵時間は長いということになります。

残りの6時間36分（1.5％）は、オス・メス交替の時に止まり木に止まっていた時間、抱卵途中にオスがメスを呼びに行った時の時間ということになります。

2000年の繁殖時にも抱卵期の完全な記録を取ることができました（**図4.22**）。この時は監視カメラを導入していたので、1995年の時のように早朝・夕方の現地調査をすることもなく、苦労しないで済みました。

5月13日5時30分より抱卵を開始し、6月1日5時20分に終了しています。この間、オスは145時間1分（33％）、メス289時間52分（67％）、合計434時間54分でした。1995年の抱卵期合計434時間31分との差はわずか21分です。

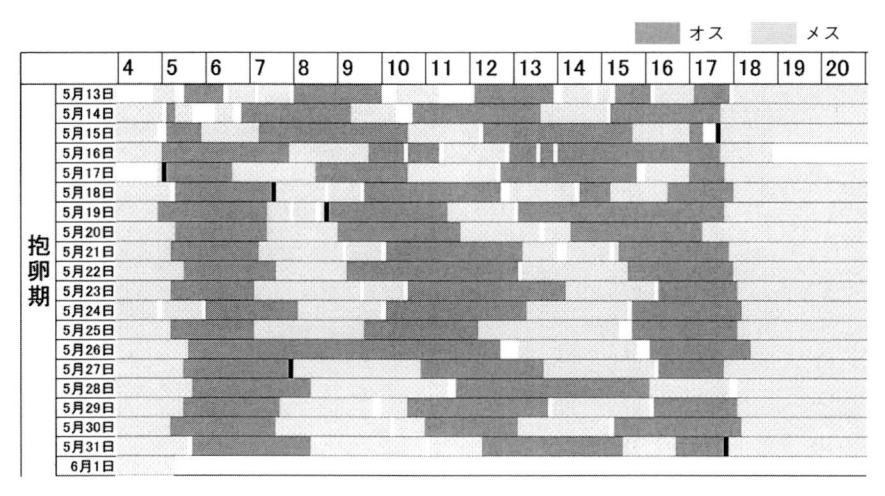

図4.22 抱卵期におけるオス・メスの抱卵時間（2000年）　1995年の抱卵期と同じような傾向を示すが、5月16日夕方から5月17日早朝までの約10時間メスが不在であった。

これら2回の記録から、カワセミの抱卵時間は、約430時間、日数にすると約18日と推定されます。

カワセミの抱卵期の調査は多くの研究者が行なっていますが、長時間カワセミが飛来しないため、人による直接観察はきわめてむずかしく、完全な記録はこれまでありませんでした。今回の記録は、ビデオカメラ・監視カメラを導入したからこそ得られた貴重なものだと思われます。

◎知らぬは亭主ばかりなり

2000年繁殖時の抱卵期4日目に通常ではない行動が見られました。これまでの観察では、夜は必ずメスが巣穴の中に留まり抱卵をしていましたが、5月17日の早朝4時44分にメスが巣穴の中からではなく、外から飛来し止まり木に止まったのです。「えっ！」と思いました。そこで、前日5月16日のビデオテープを見直しますと、確かに夕方17時43分にメスが巣穴に入るのが確認されました。その後のテープを見ていますと、暗くなった18時54分、一筋の水色の線が映っていました。メスが巣穴から飛び出してしまったのです。

この原因は、何かに驚いて飛び出したからかと思いましたが、5月15日、5月17日と前後の抱卵回数が8回であることから、メスが交替とまちがえ巣穴を出てしまい、暗いために巣穴に戻れなかったと推測されます。つまり、夜から早朝にかけて巣穴の中にメスはいないことになります。

メスは前述のように翌朝（5月17日）4時44分に止まり木に飛来し、4時52分に気まずそうな顔で巣穴の中に入りました。そして、5時05分、メスは何事もなかったかのようにオスと交替し、巣穴を出ていったのです。知らぬは亭主ばかりなり……。

結局、5月16日18時54分から17日4時52分までの約10時間、巣穴の中は親鳥が不在でした。卵の成長が始まっている時期でもあり心配しましたが、入り口から70cm奥にある産室の温度は保たれていたのでしょうか、雛への大きな影響はなかったようで、ほっとしました。

◎巣穴の滞在時間から読むカワセミの行動

巣作りのところで、巣穴掘りの開始時期を特定することはむずかしいと述べました。しかし、2000年は監視カメラを導入していたため、1月1日から撮影していましたので、巣穴掘りの開始を確認することができました。そのため、

2000年は繁殖地にオスが初めて飛来してから、造巣期・求愛期・産卵期・抱卵期・育雛期（メス・オスの失踪で17日で終了）までの巣穴への滞在時間の完全な記録が残されています。この記録から、それぞれの期で違ったカワセミの行動パターンが見られました（**図4.23**）。

　まず、造巣期は、オスは飛来してからメスの飛来までの31日間、巣穴「A」の巣穴掘りをしていました。この巣穴「A」は過去5回と頻繁に使用されていますので、リフォーム型の巣作りといえます。4日間巣作りをしない日がありましたが、残りの日は連日7時から16時まで断続的に巣作りをし、258回、約11時間50分巣穴の中に滞在していました。

　求愛期、メスが繁殖地に飛来すると、オスはメスを巣穴へと誘導しようと独特な行動をとります。図4.23では、連続して巣穴に滞在しているように見えますが、実際には、巣穴に数十秒入り、巣穴を出るや1～2秒で再び巣穴に入るという行動です（p.65、**図**4.6参照）。その後はオス・メス共同で巣作りをし、後半はメスが巣穴に滞在することが多く、最後の仕上げを行なっていると考えられます。

　産卵期は、後の7羽の巣立ちから5月7日から5月13日と推定しました。いずれも早朝にメスが巣穴に滞在していることが多く、おそらくこの時間帯に産卵していたと考えられますが、確証はありません。その後、オス・メス交替で抱卵していますが、抱卵期に比べ規則性もなく、滞在時間も長くありません。オスは9時間53分、メスは11時間46分とややメスが多い傾向にありました。

　抱卵期は、最後の卵を産み終えた5月13日から雛が孵化した6月1日までの20日間でした。前述のように4日目にメスが夜間巣の中に滞在していないというハプニングもありましたが、この日以外は昼間はオス・メス交替で、夜はメスが抱卵しています。

　育雛期は、孵化したばかりの雛の保温のため、オス・メス交替で抱雛していますが、抱卵期に比べ規則性もなく、滞在しない時間帯も結構あります。また、夜はメスが6日間抱雛しています。

　給餌は、早朝4時30分頃より夕方18時30分頃まで間断なく行なわれていることを読みとることができます。

　なお、育雛期はオス・メスで頻繁に給餌していますが、図が煩雑になるため、ここではオス・メスを区別せず、線ではなく点で表わしてあります。

第4章 カワセミの繁殖生態

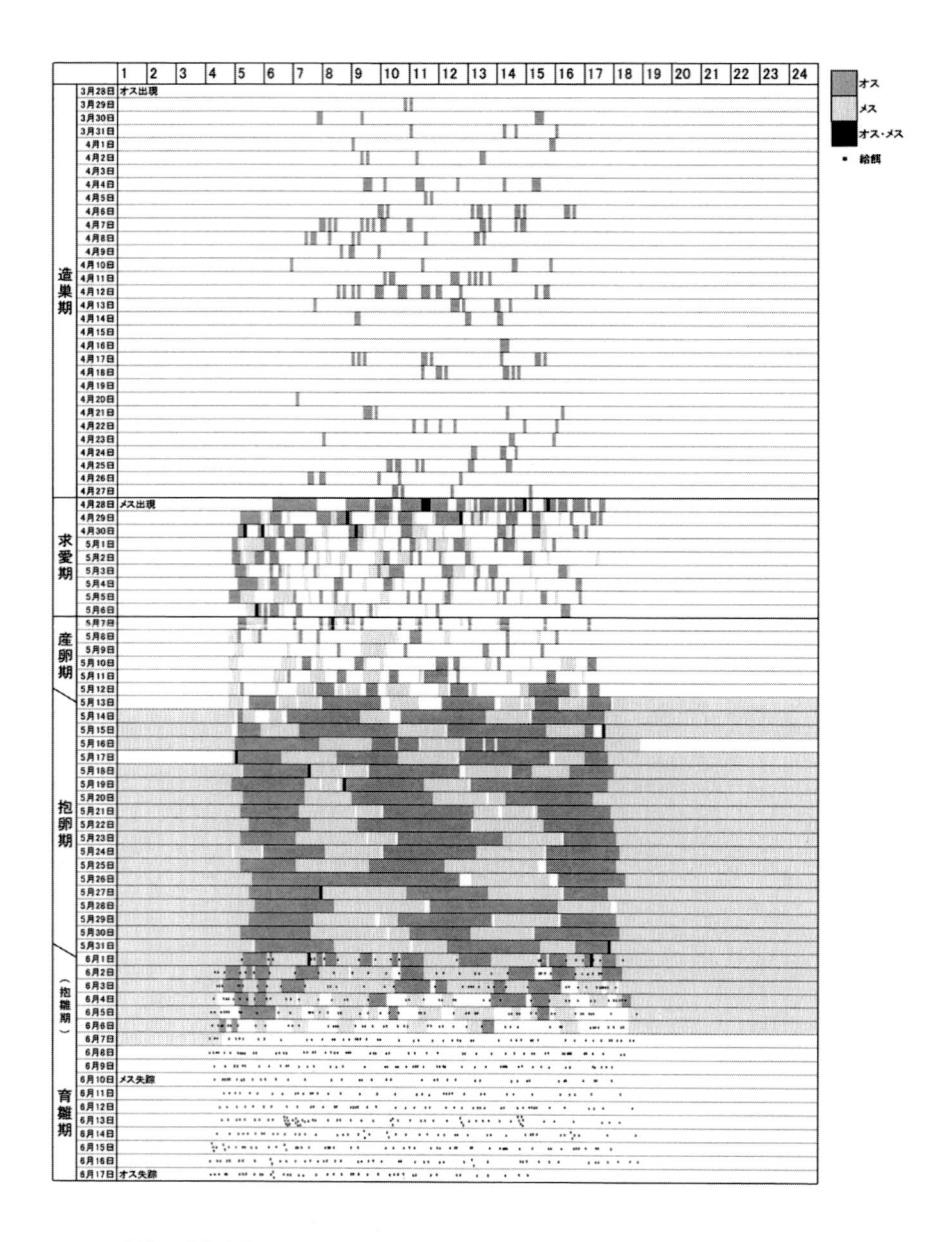

図4.23 巣穴の滞在時間から読むカワセミの行動（2000年） 巣穴の出入りから造巣期・求愛期・産卵期・抱卵期・抱雛期・育雛期のそれぞれ特徴ある行動がわかる。

■4.5　育雛期

◎育雛期の調査

　育雛期は、造巣期・求愛期・産卵期などに比べ、その開始時期と終了時期がかなりはっきりとわかります。雛が孵化し親鳥が給餌を始めると開始、雛が巣立つと終了ということになります。

　1988年・1989年の繁殖時には、どんな種類の餌を運ぶか、また、育雛の時期によって給餌回数が違うことなどがわかりました（**図4.24**）。しかし、データ不足で育雛期の全容を把握するにはほど遠いものでした。

　1993年、ビデオ機器を導入してからは、これまでと比べものにならないほどの記録が取れるようになりました。しかし、1993年の第1回目・第2回目の繁殖期は、私的な事情（人間ドックや出張）のため1日ずつ欠測していましたし、朝・夕の暗い時間帯も調査していませんでしたので、完全な記録とはいえません。

　そこで、1994年の第1回目の育雛期に完全な記録への挑戦を試みることにしました。前述の抱卵期と同様に、朝3時30分起床、4時10分に自然教育園に到着、5時30分まで観察し、あとはビデオカメラに任せ、一時帰宅し、仮眠・食事をとって、テープ交換の時刻8時30分までに自然教育園に戻ります。

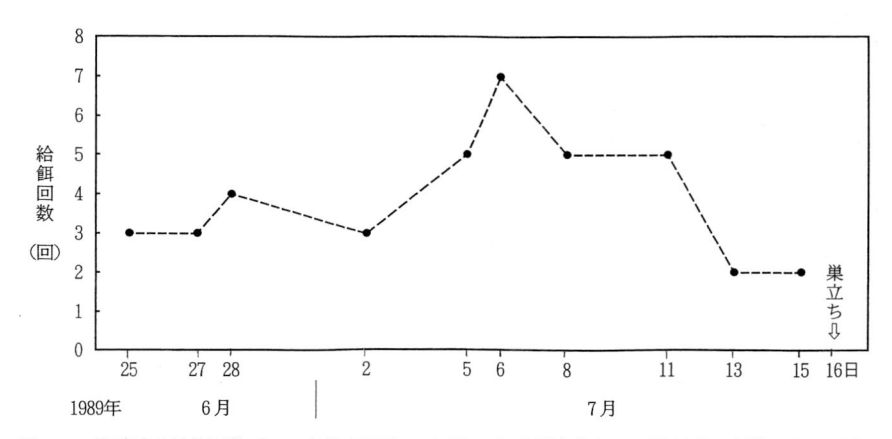

図4.24　繁殖時の給餌回数（1989年第2回目）　初期には1時間あたり3〜4回だが、中期には5〜6回に増加し、巣立ち直前になると2回くらいに減少する。

夕方の暗い時間帯の17時から19時までは再び観察小屋にこもり記録をとります。この日課を27日間連続で行ないましたが、たくさんの困難なハードルをすべてクリアーし、カワセミ育雛期の完全な記録をとることができました。また、1994年の第2回目の育雛期は、朝・夕の観察はしませんでしたが、それなりの記録をとることができました。

そして、2000年・2008年の育雛期には監視カメラによる観察でしたが、この場合は暗い時間帯も撮影可能ですので、朝・夕の現地調査をすることなく、つまり、何ら苦労なく完全な記録をとることができました。ただし、2000年は、メス・オスの相次ぐ失踪で、途中までの記録となってしまいました。

これまで6回の育雛期の記録から、餌の種類、大きさ、給餌の間隔、時間帯、オス・メス比、回数、1日の行動時間などをまとめてみたいと思います。

◎誕生した雛の二つのタイプ

鳥類の雛には、早成性と晩成性の二つのタイプがあるといわれています。早成性雛は、地上に巣を作る種に多く、天敵が多いためすぐに歩いて移動しなければなりません。そのため、孵化と同時に目が開き、綿羽で全身がおおわれ、歩くことができます。カモ・チドリ・キジ類などがこの仲間です。

一方、晩成性雛は、樹洞や土中に巣を作る種に多く、目は開いておらず、全身丸裸で歩くこともできません。親鳥から給餌を受け、羽がはえ揃って飛べるようになるまで巣に留まっていますが、早成性の雛よりは早く飛べるようになります。カワセミは、シジュウカラ・フクロウなどとともにこの仲間に入ります。

◎夜間の雛の保温

孵化したばかりのカワセミの雛は丸裸ですので、親鳥による保温の必要があります。

岐阜の三浦さんの観察（1988年8月）では、雛の保温のため、夜間、メス親が5日間巣穴の中にいることがわかっていました。果たして自然教育園では、オス・メスどちらが何日間くらい雛を温めているのでしょうか。

これを調べるには、早朝、最初に止まり木に止まったカワセミのオス・メスを確認しなければなりません。もし、止まり木に止まっているのがオス親なら、巣穴にはメス親がいるはずです。念のため、その後すぐ巣穴の入口に目を向け、もう一方のカワセミが巣穴から飛び出すのが確認できれば、巣穴にはメスが留

4.5 育雛期

まっていたことが確実になります。この作業を毎日繰り返すと、夜間巣穴に留まるのがオスかメスか、また、何日間巣穴に留まるかもわかるというわけです。

調査の結果、自然教育園の場合には、1994年の第1回目の育雛期（5月）は10日間巣穴に留まっていたことがわかりました（**表4.1**）。2000年（6月）は6日間（**図4.25、図4.26**）、2008年（5月）は9日間でした。夜間の保温は、いずれもメスでした。

表4.1　早朝第1回目の給餌の時刻とオス・メスの行動（1994年第1回目）　早朝、オス・メスの行動を調べた結果、夜間メスが巣穴に留まり、雛の保温を10日間していることがわかった。

日	孵化後日数	オスが来た時刻と行動			メスの行動と時刻		
5月02日	1	05:15	オス　モツゴ（小）を運んできた		05:15	メス　巣穴から出る	
5月03日	2	04:48	オス　モツゴ（小）を運んできた		04:48	メス　巣穴から出る	
5月04日	3	04:55	オス　モツゴ（中）を運んできた		04:55	メス　巣穴から出る	
5月05日	4	04:44	オス　モツゴ（小）を運んできた		04:44	メス　巣穴から出る	
5月06日	5	04:30	オス　モツゴ（中）を運んできた		04:30	メス　巣穴から出る	
5月07日	6	04:31	オス　モツゴ（大）を運んできた		04:31	メス　巣穴から出る	
5月08日	7	04:28	オス　モツゴ（中）を運んできた		04:28	メス　巣穴から出る	
5月09日	8	04:29	オス　モツゴ（大）を運んできた		04:29	メス　巣穴から出る	
5月10日	9	04:30	オス　モツゴ（大）を運んできた		04:30	メス　巣穴から出る	
5月11日	10	04:35	オス　モツゴ（大）を運んできた		04:35	メス　巣穴から出る	
5月12日	11	04:47	オス　モツゴ（中）を運んできた/約30秒止まり木にいて巣穴へ			メス　の姿なし	
5月13日	12	04:39	オス　モツゴ（大）を運んできた/約30秒止まり木にいて巣穴へ			メス　の姿なし	
5月14日	13	04:26	オス　モツゴ（中）を運んできた/約45秒止まり木にいて巣穴へ			メス　の姿なし	
5月15日	14	04:33	オス　モツゴ（中）を運んできた/すぐ巣穴へ			メス　の姿なし	

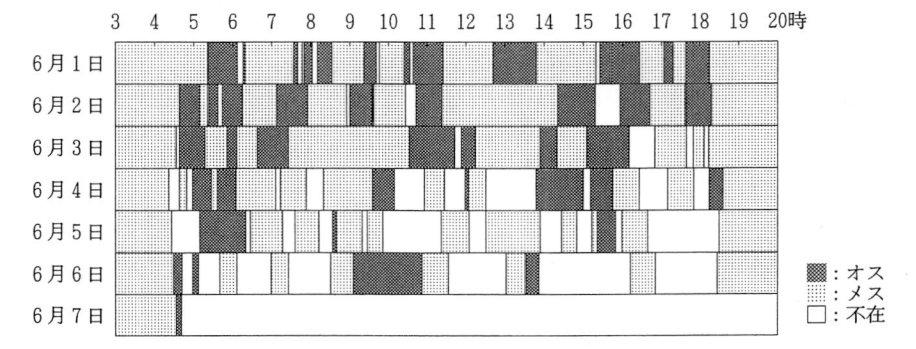

図4.25　育雛期初期の雛の保温の分担と日数（2000年）　夜間の保温6日間、昼間の保温も6日間であった。

第4章　カワセミの繁殖生態

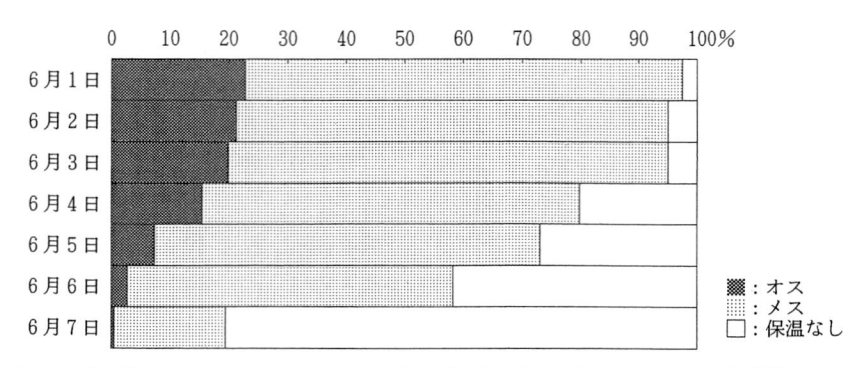

図4.26　雛の保温のオス・メスの割合（2000年）　雛の孵化後3日間は、1日の95％以上保温している。メスが多いのは夜間長時間巣穴の中に滞在するためである。

◎昼間の保温

では、昼間はどうでしょうか。1995年の育雛期（8月）には、孵化後5日間、オス・メス交替で雛を保温していることがわかりました（**図4.27**）。2000年の育雛期（6月）は6日間、2008年の育雛期（5月）は9日間でした。夜間も昼間も少し差がありますが、これはその年の気温や気候に影響されるのでしょう。5月～6月頃の涼しい気候では長く、8月頃の暑い気候の中では短いという傾向がありました。

保温の交替は、抱卵期の時のように規則的ではないこと、また、親鳥が保温しない時間もけっこうあることがわかりました。

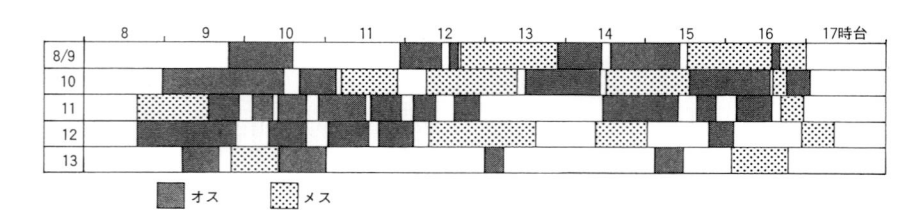

図4.27　育雛期の昼間の保温（1995年）　孵化後5日間、オス・メス交替で保温している。

◎1日の行動時間

親鳥は、育雛期に早朝何時頃から行動を開始し、夕方何時頃行動を終了するのでしょうか。行動開始時刻は、早朝はじめて繁殖地内の止まり木に飛来した時刻、行動終了時刻は、夕方最後に巣穴または止まり木から飛び去った時刻と

4.5 育雛期

します。

1994年第1回目の育雛期23日間について調べた結果、次のようなことがわかりました。

行動開始時刻は、日の出前の10〜15分の時間帯であることが最も多く、遅い日でも日の出後10分くらいです。また、行動終了時刻は日の入り40〜50分前からで、日の入り直前にはほとんどその日の行動を終了しています（図4.28、表4.2）。このことから、カワセミは、育雛期には日の出10〜20分前から行動を開始し、日の入りと同時くらいには行動を終了しているといえそうです。1日の行動時間は、5月頃ですと、長い時は14時間15分、短い時は12時間38分で、平均すると13時間48分くらいでした。

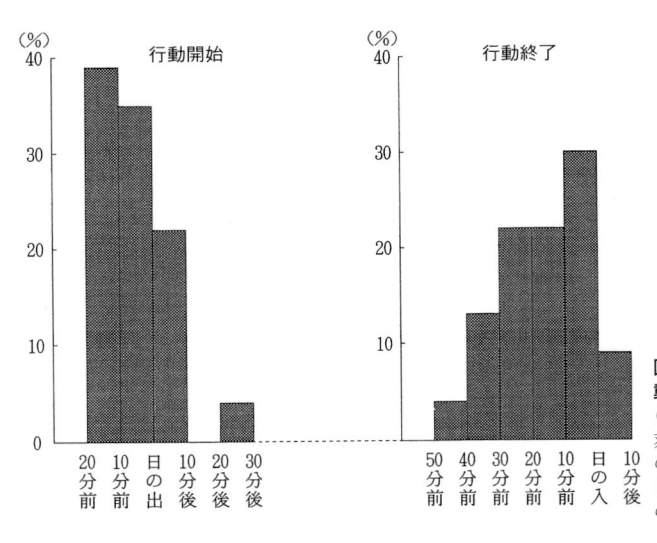

図4.28　行動開始および行動終了時間帯の頻度分布
（1994年5月）　行動開始時刻は、日の出20分前から日の出までで、行動終了時刻は、日の入り40〜50分前から日の入りまでが多い。

◎餌の種類

嶋田忠氏らの報告によると、北海道では、魚類（フナ・メダカ・モロコ・モツゴ・カワムツ・オイカワ・ウグイ・ドジョウ・ハゼ類・サケやマスの稚魚・コイ・アブラハヤ・トミヨ・金魚など）、昆虫（ミズカマキリ・ヤゴ・トビケラの幼虫・ミズスマシ・ゲンゴロウの幼虫など）、甲殻類（サワガニ・ザリガニ・カワエビなど）と、水中にすむほとんどの小動物がカワセミの餌となっていることがわかります。

表4.2 行動開始・終了時刻および1日の行動時間（1994年第1回目）　行動開始と日の出時刻、行動終了と日の入り時刻とは密接な関係がある。

月日	天候	日の出の時刻（A）	行動開始の時刻（B）	(B)−(A)（分）	日の入りの時刻（C）	行動終了の時刻（D）	(D)−(C)（分）	1日の行動時間
5月02日	曇	04:48	05:15	27	18:28	17:53	-35	12°38′
5月03日	曇	04:47	04:48	1	18:29	18:04	-25	13°16′
5月04日	曇	04:46	04:55	9	18:30	18:12	-18	13°17′
5月05日	晴	04:45	04:44	-1	18:31	18:31	0	13°47′
5月06日	晴	04:44	04:30	-14	18:32	18:21	-11	13°51′
5月07日	晴	04:43	04:31	-8	18:32	18:30	-2	13°59′
5月08日	快晴	04:42	04:28	-14	18:33	18:31	-2	14°03′
5月09日	快晴	04:41	04:29	-12	18:34	18:33	-1	14°04′
5月10日	晴	04:40	04:30	-10	18:35	18:11	-24	13°41′
5月11日	晴	04:39	04:35	-4	18:36	18:12	-24	13°37′
5月12日	雨	04:39	04:47	8	18:37	17:58	-39	13°11′
5月13日	晴	04:38	04:45	7	18:37	18:06	-31	13°21′
5月14日	晴	04:37	04:26	-11	18:38	18:17	-21	13°51′
5月15日	小雨	04:36	04:33	-3	18:39	18:29	-10	13°56′
5月16日	晴	04:35	04:24	-11	18:40	18:17	-23	13°53′
5月17日	晴	04:35	04:20	-15	18:41	17:57	-44	13°37′
5月18日	晴	04:34	04:34	0	18:41	18:50	9	14°16′
5月19日	快晴	04:33	04:27	-6	18:42	18:38	-4	14°11′
5月20日	快晴	04:33	04:30	-3	18:43	18:37	-6	14°07′
5月21日	快晴	04:32	04:30	-2	18:44	18:17	-24	13°47′
5月22日	快晴	04:31	04:35	4	18:44	18:49	5	14°14′
5月23日	快晴	04:31	04:21	-10	18:45	18:42	-3	14°21′
5月24日	快晴	04:30	04:19	-11	18:46	18:34	-12	14°15′

　自然教育園の場合、カワセミの餌は、モツゴ・メダカ・ヨシノボリ・ドジョウ・スジエビ・ザリガニにほぼ限定されています（**図4.29**）。これらの生きものは大きさや体形にそれぞれ特徴があり、識別は比較的簡単にできます。ただし、育雛期初期には給餌する魚類がきわめて小さく、モツゴとメダカの識別はむずかしいため、ここではメダカはモツゴの中に含めています。

　孵化直後は魚類が圧倒的に多く、ザリガニはまったく給餌していません。魚類の方が雛にとって消化がよいためと考えられます。成長するにしたがい、いろいろな種類の餌を与えますが、育雛期中期から後期にかけてはザリガニの割合が非常に高くなる傾向にあります。特に1995年、オスが失踪しメスだけで給餌していた時は、その傾向が顕著でした（**図4.30**）。

　一般に、オスは、モツゴを中心にいろいろな餌を給餌するのに対し、メスは、ザリガニが圧倒的に多いことがわかりました。これは、ザリガニはモツゴなどより動きが鈍いこと、水中の杭などに止まっていることが多いことなどから、

4.5 育雛期

図4.29　自然教育園における主なカワセミの餌　(a) モツゴ、(b) ヨシノボリ、(c) ザリガニ、(d) 金魚類

捕獲技術の未熟なメスにとっては、モツゴよりザリガニの方が捕獲しやすいためと推測されます。

　また、1994年から急に金魚類が多くなりますが、詳しくは次項で述べます。

　なお、過去7回の繁殖時における餌の種類とその割合は、**表4.3**に示しました。

◎金魚泥棒

　1994年第1回目の育雛期には、金魚や色鯉を運んでくる回数が急激に増えました。合計45匹です。1994年第2回目の育雛期には、第1回目以上に金魚類が運

第4章　カワセミの繁殖生態

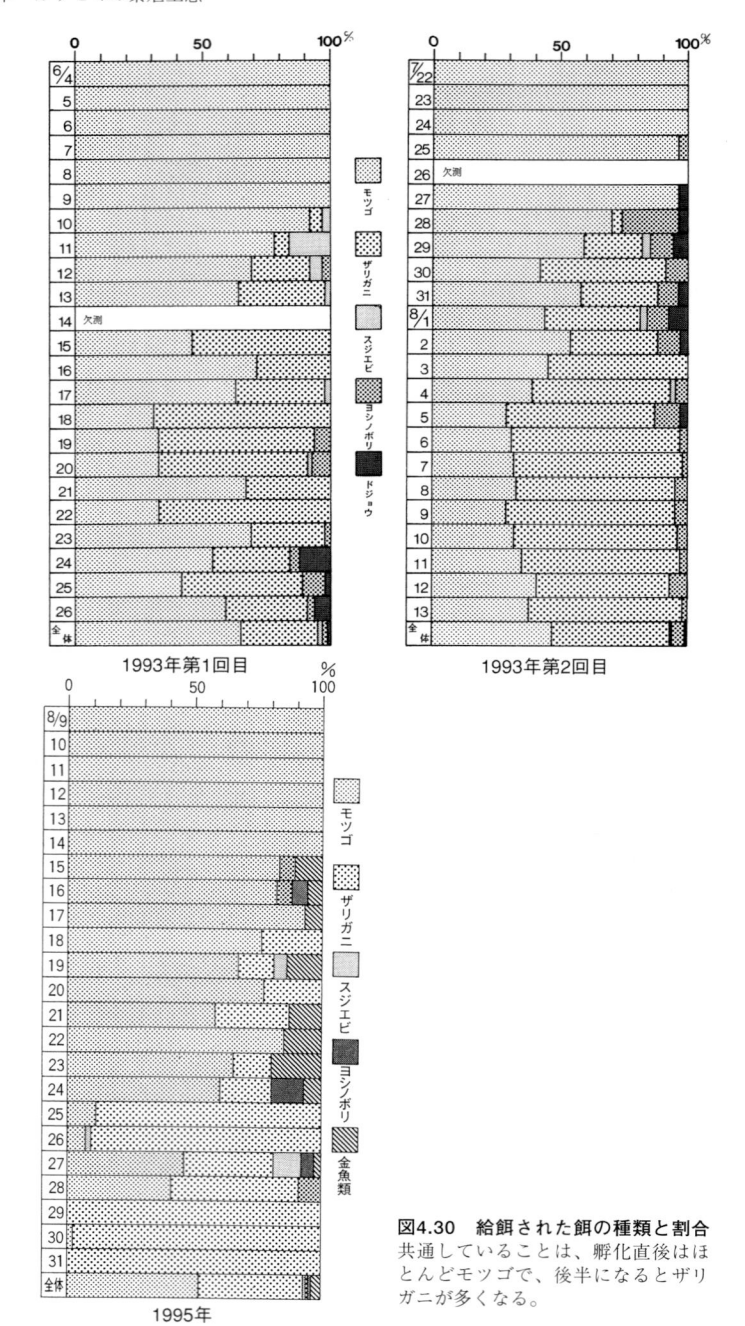

1993年第1回目

1993年第2回目

1995年

図4.30　給餌された餌の種類と割合
共通していることは、孵化直後はほとんどモツゴで、後半になるとザリガニが多くなる。

4.5 育雛期

表4.3 過去7回の繁殖時における餌の種類の割合 例年に比べ、2000年は、モツゴが極端に多く、ザリガニが極端に少なく、金魚類が0%であることが特徴である。

種類 \ 年・回	1993年 第1回目	1993年 第2回目	1994年 第1回目	1994年 第2回目	1995年 第1回目	2000年 第1回目	2008年 第1回目
モツゴ（メダカ含）	65%	47%	56%	53%	52%	92%	53%
ザリガニ	30%	46%	33%	25%	41%	5%	47%
スジエビ	2%	1%	3%	0.2%	1%	1%	0.3%
ヨシノボリ	2%	5%	4%	9%	1%	1%	0.1%
ドジョウ	1%	1%	1%	2%	1%	0.1%	0%
金魚類	0%	?（2匹）	3%	11%	4%	1%*	0%

＊実験給餌（自然給餌は0であった）

ばれましたが、この時は、雛の孵化後4日目にメス親が失踪したこと、園内の水生植物園の浚渫工事で池が干され餌が不足していたため、オス親が園外で確保しやすい金魚類に目をつけたのでしょう。結局、第2回目にはなんと合計67匹、餌全体の11%もの金魚類が運ばれました。

　自然教育園には金魚や色鯉はいません。おそらく近所の金魚屋か家の池から失敬してきたのでしょうが、はたして、どこから運んでくるのでしょうか？

　カワセミが雛に給餌するには、流金や出目金は体が太すぎるため、金魚すくいなどで用いられる小さな金魚が適しています。これは一般家庭では得にくいため、おそらく金魚屋のものでしょう。ちょうど自然教育園から2.5kmほど離れた六本木六丁目に、金魚問屋さんがあります。そこから金魚類を泥棒してきたのではないかと思われます。金魚類は、都会のカワセミにとって重要な餌になっているのかもしれません（**口絵C3**）。

◎金魚問屋の廃業

　この金魚泥棒問題は思いもよらない形で解決しました。2000年春、六本木ヒルズ建設（正式には「六本木六丁目地区第一種市街地再開発事業」）によって金魚問屋が廃業したからです。これまでの金魚の出所は、おそらくは金魚問屋さんでした。それがなくなってからは、金魚類の給餌はなくなるのではと思っていましたが、その予想通り、2000年・2008年の繁殖時の金魚類の給餌数はゼロでした。

　念のため、2000年のカワセミの親鳥は金魚が嫌いなのか実験しようと思い、6月13日5匹、14日5匹の金魚を繁殖地下の池に放流したところ、間もなく飛来したオス親は、次々と金魚を捕獲し雛に給餌しました。金魚は色も目立ちますし、行動も鈍いため、捕りやすいのでしょう。カワセミの金魚好きが改めて証

第4章　カワセミの繁殖生態

図4.31　トンボを捕らえたカワセミ（撮影：山崎孝一）　枝に止まっていたカワセミが近づいたトンボ（オニヤンマ）に飛びついて捕らえた様子。

4.5 育雛期

◎カワセミはトンボを食べるか？

　1995年7月28日『読売新聞』の夕刊には、「カワセミ、トンボをパクリ」という記事が載っていました。兵庫県三田市の沼で、カワセミがトンボを嘴でとらえ、羽などを残して約10分で飲み込んだ様子が写真とともに掲載されています。また、最近では、インターネットで「カワセミ」＋「トンボ」というキーワードで検索してみると、カワセミが、トンボを嘴でくわえた画像がたくさん見つかります（**図4.31**）。カワセミを熱心に撮影されたり観察している方にとっては、稀な例というわけではないようです。カワセミは、水辺に住む小魚やエビなどの生物を食べていますので、トンボを食べても不思議ではありません。

　自然教育園の止まり木には、カワセミの留守中はいつもトンボが止まり、縄張りを張っています。カワセミが戻ってくると、トンボはいったん飛び去りますが、やがて戻ってきて、カワセミの頭や餌の魚などに止まることがしばしばあります（**図4.32**）。トンボは一番高いところに止まる習性があるためです。この時カワセミは、うっとうしいと振り払ったり、捕まえたりしたことはありましたが、トンボを食べたことは一度もありませんでした。

　もっとも、これは成鳥の話で、若鳥の場合には少し違います。1997年と2002年に一度ずつ、若鳥がトンボを羽ごと食べる行動が観察されました。

図4.32　カワセミに止まったトンボ　トンボは一番高いところに止まる習性があるため、止まり木に止まったカワセミの頭や餌の魚の上に止まることがしばしばある。

◎餌の大きさ

　餌の大きさは、カワセミの親鳥の嘴の長さ（約36mm）を基準とし、嘴の半分以下のものを「小」（18mm以下）、嘴の半分から全長のものを「中」（19mm～36mm）、嘴の全長よりやや大きいものを「大」（37mmから53mm）、嘴の1.5倍くらいのものを「特大」（54mmから70mm）、ドジョウのように細長く100mm以上のものを「巨大」として記録しました（**図4.33**）。

　給餌した餌の大きさは、すべての繁殖時とも同じような傾向を示しました（**図4.34**）。雛が孵った直後、親鳥は、嘴の中に隠れてしまうほどの小さな餌を給餌します。しかし、雛の成長は意外に早く、孵化後4～5日目からは大きな餌も給餌するようになりますし、中期から後期にかけては親鳥でさえも食べるのに苦労するほどの、特大や巨大の餌を給餌します。

　このようにカワセミは、雛の成長に合わせて餌の大きさを次第に大きくします。ワシ・タカやフクロウなどは、親鳥が餌を小さく食いちぎって大きさを調

図4.33　餌の大きさの基準　(a) 小（雛の孵化直後は親鳥の嘴に隠れてしまいそうなごく小さな魚を選ぶ）、(b) 中、(c) 特大。

4.5 育雛期

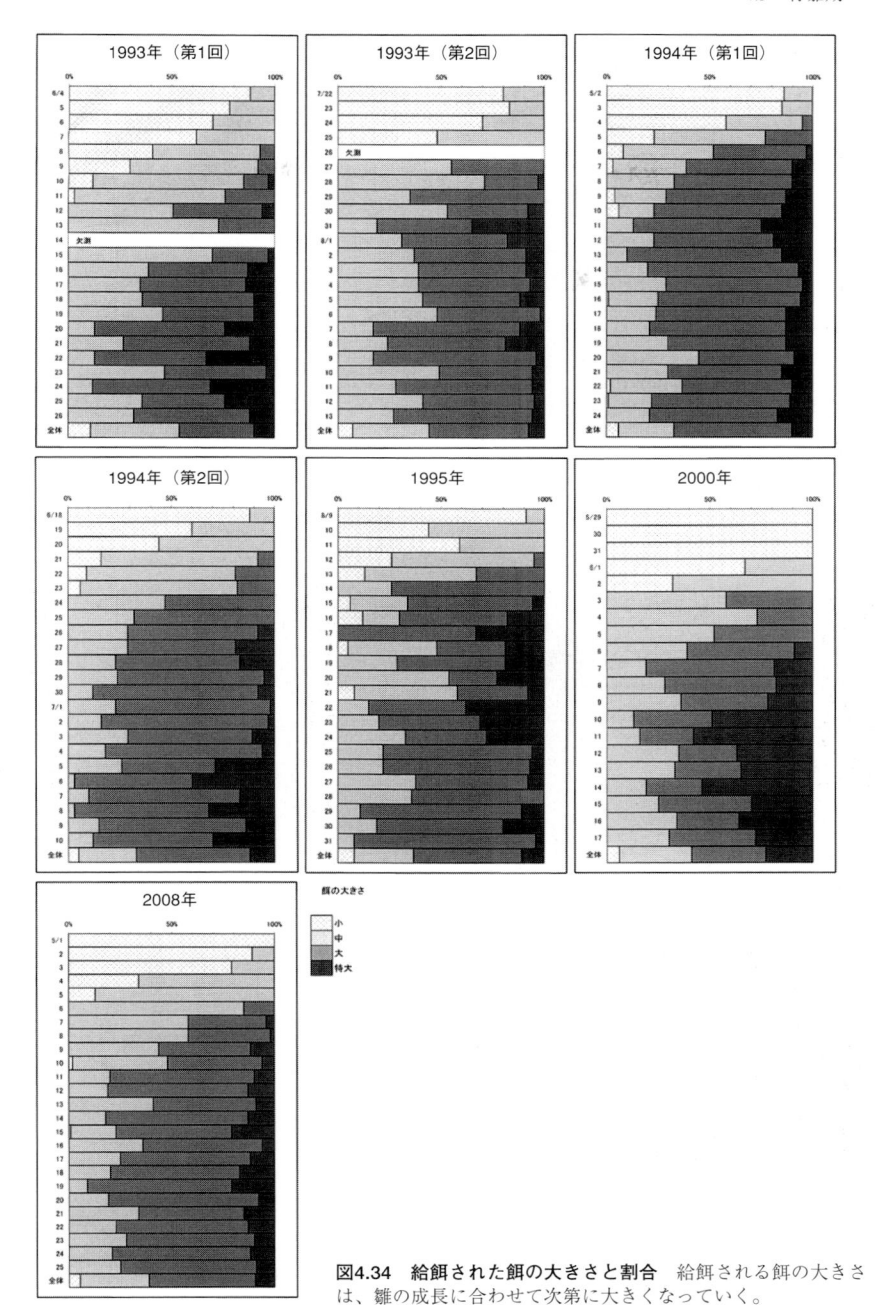

図4.34 給餌された餌の大きさと割合 給餌される餌の大きさは、雛の成長に合わせて次第に大きくなっていく。

節して雛に与えますが、カワセミは、雛が餌を丸呑みにしますので、雛の口の大きさに合わせて給餌する必要があるからです。

前述の餌の種類や大きさから考えますと、カワセミの繁殖には「小さな魚」がいることが不可欠な条件といえます。公園などの池にたくさんの魚がいても、大きな魚がいるだけでは不十分で、それらの魚がその場所で繁殖して、いろいろな成長段階の魚がいなければならないということです。

◎給餌の時間帯

親鳥は、1日のうちで何時頃、どのくらいの量を給餌するのでしょうか。

1994年の第1回目の育雛期は、5月2日から24日までの23日間でしたが、それぞれの時間帯の給餌回数を平均してみますと、3.3回〜5.0回の間でした。しかし、早朝5時台と夕方15時台・16時台に多い傾向がありました。なお、4時台は、カワセミの行動開始前の時間帯、18時台は行動終了後の時間帯も含まれます。ですから、直接この数値を他の時間帯と比較することはできません。たとえば、早朝4時30分頃行動を開始し、5時までの間の30分間に3回給餌したとしますと、1時間あたりの給餌回数は6回となります。

毎日のカワセミの行動開始あるいは行動終了時刻と実際の給餌回数からそれぞれの日の1時間あたりの給餌回数を算出し、平均してみますと、4時台は、1時間あたり6.8回、18時台は1時間あたり7.8回にもなります。いずれにしても、早朝4時台、夕方18時台にはかなり頻繁に給餌していることになります（**図4.35**）。

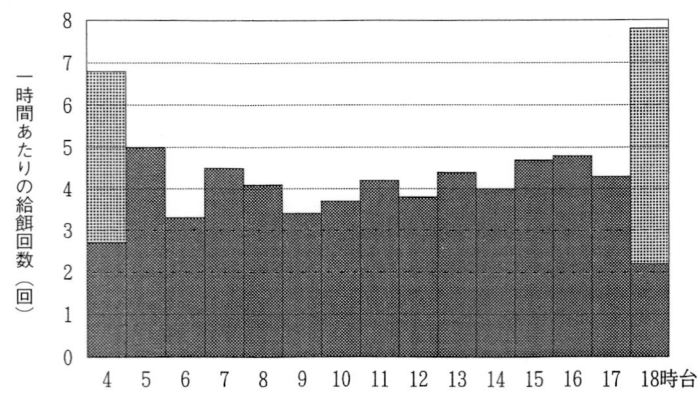

図4.35　給餌の時間帯（1994年第1回目）　早朝5時台と夕方15〜16時台にややピークがある。4時台・18時台は1時間あたりで計算するとかなりの量給餌していることになる。

早朝は、長い夜を過ごし雛が空腹のため、夕方は、長い夜に備えてたくさん給餌するためと考えられます。

◎給餌の間隔

給餌の間隔は、1993年第1回目、1994年第1回目の育雛期とも同じような傾向が見られました（図4.36）。

共通していえることは、雛の孵化直後は給餌の間隔が長いことが多く、40分以上、時には1時間近くあくこともあります。しかし、雛が成長するにつれて間隔が短くなり、中期には10分以内、時には1〜2分というきわめて短時間で給餌されます。そして、巣立ち2〜3日前になると、給餌の間隔がやや長くなる傾向がありました。

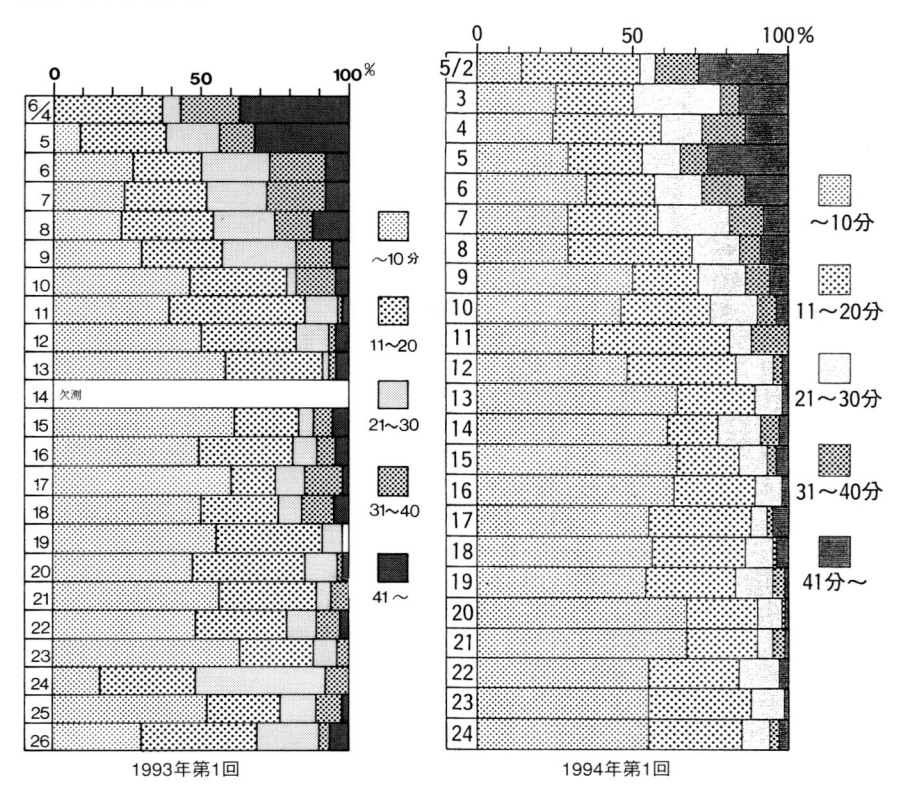

図4.36　給餌の間隔　雛の孵化直後は給餌の間隔が長く、成長するにつれ間隔も短くなる。しかし、巣立ち直前には間隔がやや長くなるという傾向も見られる。

◎給餌のオス・メス比

　1993年第1回目の育雛期の給餌は、全体ではオス68％、メス32％、第2回目はオス60％、メス40％でした。この数字からはあまり大きな差がないように見えますが、日ごとの給餌のオス・メス比を分析しますと、第1回目は、6月4日から18日まで、オス・メスそれぞれ半々ずつ分担していましたが、6月19日からは次第にオスの給餌が増加し、70％から80％、時には90％以上ということもありました。これは、6月19日頃よりメスが第2回目の繁殖のための巣作りを開始したためと考えられます。

　また、第2回目の育雛期が始まった7月22日〜27日は、オスが70〜80％給餌していますが、これは、メスが第1回目に巣立った雛への給餌をしているためと考えられます。その後の7月28日〜8月13日は、オス・メスそれぞれが半々ずつ給餌するようになりました。

　これらのことから、通常はオス・メス半々ずつ給餌しますが、メスが第2回目の巣作り、あるいは第1回目に巣立った雛への給餌を行なっている時には、オスの給餌の比率が高くなることがわかりました。

　1994年の第1回目の育雛期は、1993年と同様の傾向が見られましたが、1994年の第2回目の育雛期は、4日目にメスが失踪したため、その後はオスが給餌しています。同様に1995年の育雛期には17日目にオスが失踪、2000年の育雛期には10日目にメスが失踪したため、失踪後は残された親鳥がすべて給餌しています。

　また、2008年の育雛期には、20日目に第2回目の繁殖時に同一巣穴を使用することが決断されたため、巣作りの作業もなくなり、その後もオス・メス半々で給餌していることがわかります**（図4.37）**。

◎頭の下がるオスの健闘

　1994年の第1回目は、1993年の第1回目と給餌のオス・メス比がよく似ていました。メスが第2回目の繁殖の巣作りに入ったため、オスの給餌の比率が60〜70％と高くなったのです。とくに後半は、オスの給餌が90％以上、時には100％という日が何日かありました。

　この期間、オスは雛への給餌、メスは巣作りと作業の分担をしていたようですが、よく観察してみますと、ちょっと様子が違っていました。

　メスは、止まり木にただ止まり、オスがさかんに雛に餌を運ぶのをぼんやり

4.5 育雛期

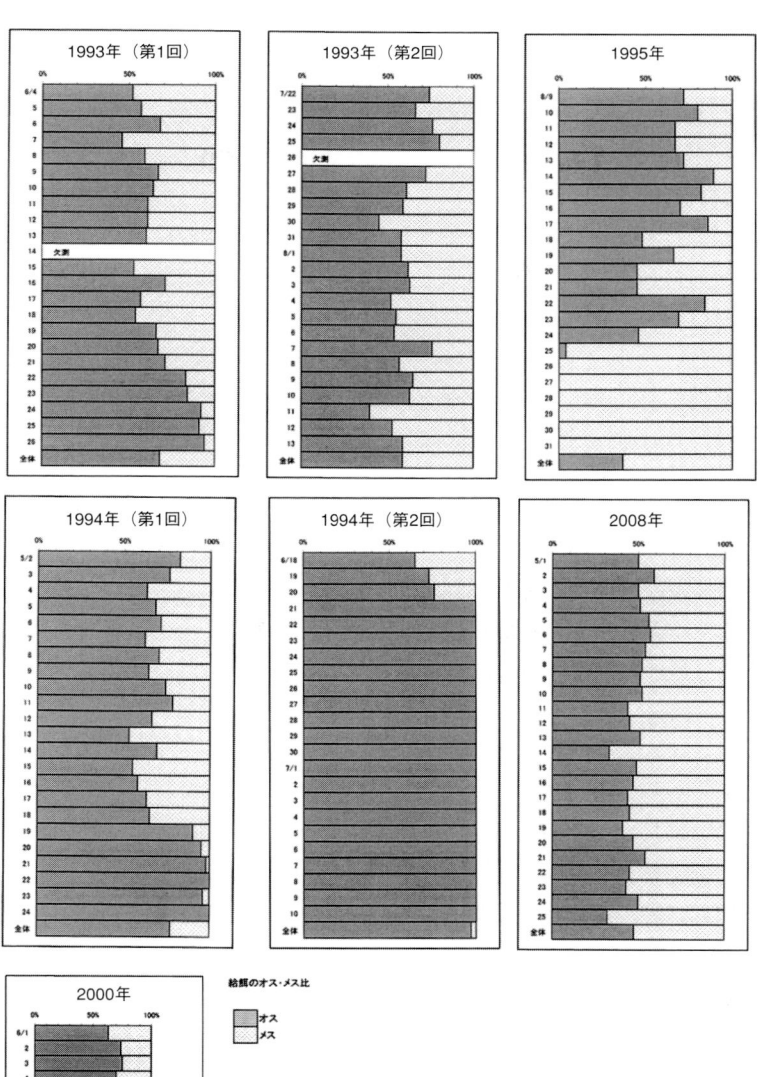

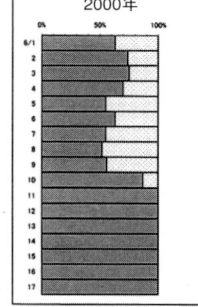

図4.37 給餌のオス・メスの比率 ふつうは、オス・メスの比率は半々だが、メスが第2回目の巣作り、巣立った雛への給餌があるため、第1回目後半、第2回目前半でオスの比率が高くなる傾向にある。なお、育雛期途中で片親が失踪する例が多いこともわかる。

(?)見ていることも多かったのです。時に、オスが雛に運んできた餌をメスが奪い取って食べる場面もありました。また、オスから受け取った餌を雛に運ぶふりをして、オスが飛び去るのを確認した後、メスが自分で食べてしまった場面もしばしばありました。私としては、見てはいけないものを見てしまったという気持ちです。

こんなメスの行動も知らず、オスは、雛への給餌、第2回目の巣作り、メスへの求愛給餌とかいがいしい毎日を送っていました。そして、1994年第2回目の育雛期には、雛の孵化後4日目からメスが失踪してしまったため、その後はオス1羽で雛の給餌を行ない、結局、オスの給餌率は実に98%にもなりました。

1994年の2回の繁殖は同一のペアによって行なわれましたが、この厳しい状況下で、オスは第1回目に6羽、第2回目に7羽と、計13羽の雛を育てたことになります。オスの健闘ぶりにはただただ頭が下がる思いでした。

◎給餌の回数

1993年の育雛期に確認できた給餌の回数は、第1回目が合計804回、第2回目が合計893回でした。しかし、調査時間が第1回目約208時間、第2回目約247時間と違うため、1時間あたりで計算しますと、全体としては第1回目が3.9回、第2回目が3.6回とやや第1回目の方が多いということがわかりました。

また、日ごとの給餌回数は、第1回目・第2回目とも同じような傾向でした。

第1回目の育雛期には、雛の孵化後5日目までは1時間あたり2～3回、10日目～15日目は4～5回、17日目～21日目は5～6回、巣立ち3日前になると3～4回と給餌の回数が急激に減少しました。

また、第2回目の育雛期には、雛の孵化後1週間までは1時間あたり2～3回、10日目～15日目は3～4回、16日目の5.3回をピークにやや減少し、その後再び増加して、巣立ち2日前より急に減少しました。1994年第2回目は、1993年と同じような傾向がありましたが、オス親が17日目に失踪した1995年は、これまでとは違う給餌回数のパターンを示しました。(**図4.38.1**)。

1994年第1回目の育雛期の給餌回数は、1364回でした。これは雛に給餌した餌の全数と思われますので、給餌回数は、1993年の時のように1時間あたりではなく実数で表わしています。

孵化後、第1日目の5月2日は、給餌回数が22回でしたが、6日目までは33～39回と次第に増え、8日目からは50回を越えはじめています。11日目からは60回

4.5 育雛期

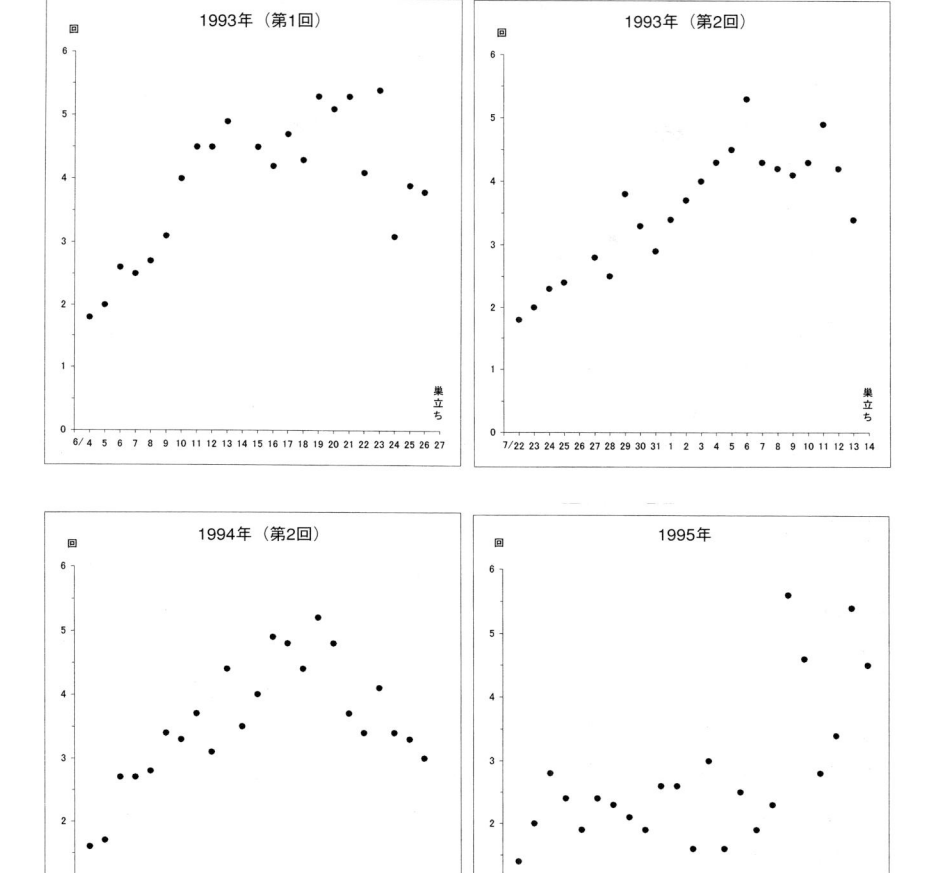

図4.38.1 給餌回数の変化（1） 朝・夕の観察がないため、1時間あたりの給餌回数である。

以上となり、15日目には84回にもなりました。また、16日目から18日目はやや減少しますが、19日目には再び増加し、88回もの餌を給餌しています。ところが、21日目から急激に減少し、22日目・23日目はやや増加したものの以前ほど回数は増えません。そして、24日目の5月25日早朝に6羽の雛が巣立ちました。

　2000年と2008年もやはり実数で表わしていますが、1994年第1回目とは違う

第4章　カワセミの繁殖生態

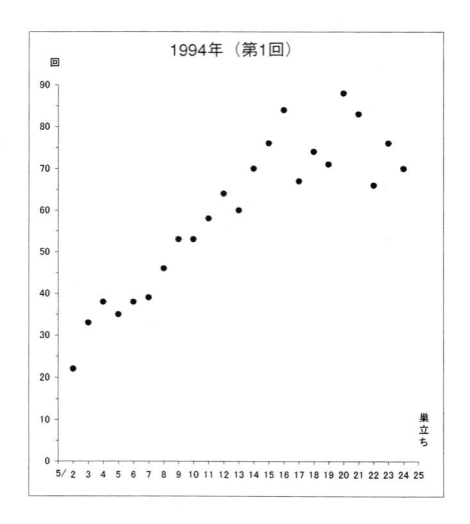

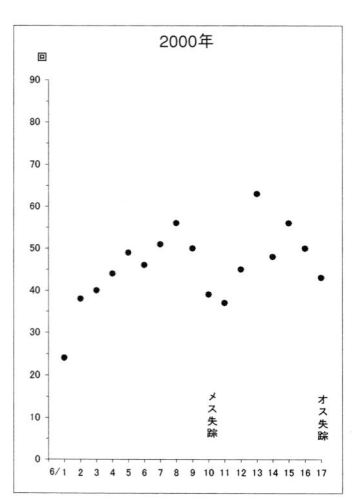

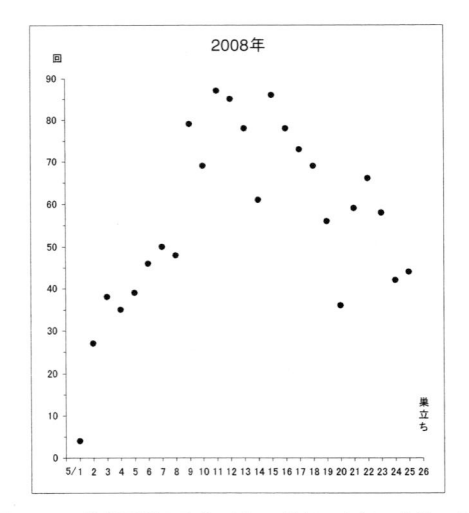

図4.38.2　給餌回数の変化（2）　給餌した餌の全数であるため、実数での給餌回数である。

パターンを示しています（**図4.38.2**）。

◎巣立ち前のダイエット作戦

　なぜ、このような急激な餌の減少が起きるのでしょうか。仁部富之助氏によりますと、孵化したばかりのカワセミの雛の体重は約3g、その後栄養豊富な餌

によって成長し、14日目～15日目には平均体重が約47g、最も重い雛で52gにもなるということです。ふつう、親鳥の平均体重は約35gということですから、カワセミは親鳥より雛の方が重いという他の鳥であまり例を見ないケースです。そこで親鳥は巣立ち直前に給餌回数を急激に減らし、雛の体重を30g以下に落とします。空腹にして巣立ちをスムースに行なうためのダイエット作戦です。

過去7回の繁殖期における1時間あたりの給餌回数を示したのが**表4.4**です。これを見ますと、1993年第1回目は、雛の孵化後20日目は1時間あたり5.4回あったものが巣立ち3日前の21日には3.1回と急激に給餌回数が減少しています。同様に、1993年第2回目は4.9回が4.2回に、1994年第2回目は4.1回が3.4回に、1995年は4.6回が2.8回に、2008年第1回目は4.4回が3.9回といずれも巣立ち2～4日前から急激に給餌回数が減少していることがわかりました。

表4.4　過去7回の繁殖期における給餌回数（1時間あたり）　巣立ちの2～3日前になると急激に給餌回数が減少する。

孵化後の日数	1993年		1994年		1995年	2000年	2008年
	第1回目	第2回目	第1回目	第2回目			第1回目
1	1.8回	1.8回	1.7回	1.6回	1.4回	1.6回	0.3回
2	2.0	2.0	2.5	1.7	2.0	2.5	1.8
3	2.6	2.3	2.9	2.7	2.8	2.7	2.5
4	2.5	2.4	2.5	2.7	2.4	2.9	2.3
5	2.7	—	2.7	2.8	1.9	3.3	2.6
6	3.1	2.8	2.8	3.4	2.4	3.1	3.1
7	4.0	2.5	3.3	3.3	2.3	3.4	3.3
8	4.5	3.8	3.8	3.7	2.1	3.7	3.2
9	4.5	3.3	3.9	3.1	1.9	3.3	5.3
10	4.9	2.9	4.3	4.4	2.6	2.6	4.6
11	—	3.4	4.8	3.5	2.6	2.5	5.8
12	4.5	3.7	4.5	4.0	1.6	3.0	5.7
13	4.2	4.0	5.0	4.9	3.0	4.2	5.2
14	4.7	4.3	5.5	4.8	1.6	3.2	4.1
15	4.3	4.5	6.0	4.4	2.5	3.7	5.7
16	5.3	5.3	4.9	5.2	1.9	3.3	5.2
17	5.1	4.3	5.2	4.8	2.3	2.9	4.9
18	5.3	4.2	5.0	3.7	5.6	—	4.6
19	4.1	4.1	6.2	3.4	4.6	—	3.7
20	5.4	4.3	6.0	4.1	2.8*	—	2.4
21	3.1*	4.9	4.6*	3.4*	3.4	—	3.9
22	3.9	4.2*	5.3	3.3	5.4	—	4.4
23	3.8	3.4	4.9	3.0	4.5	—	3.9*
24	巣立ち	巣立ち	巣立ち	巣立ち	巣立ち	—	2.8
25							2.9
26							巣立ち
雛の数	3+α	7	6	7	5	7	7

＊減量開始日

第4章　カワセミの繁殖生態

◎給餌した餌の総数

これまで自然教育園で調査したカワセミの育雛期は7回ありましたが、1993年の第1回目・第2回目、1994年の第1回目・第2回目、および1995年の計5回がそれぞれ23日間、2008年第1回目が25日間でした。なお、2000年は親鳥が失踪したため途中で終了しています。このうち、1994年第1回目と2008年第1回目は、育雛期に親鳥が雛に給餌した餌の総数を記録しています。

これによりますと、1994年第1回目は合計1364匹の餌を運んでいます(**表4.5**)。この時の雛は6羽でしたので、雛1匹あたり約227匹の餌を給餌したことになります。また、2008年第1回目は、合計1413匹の餌を運んでいます(**表4.6**)。この時の雛は7羽でしたので、雛1羽あたり約202匹の餌を給餌したことになります。

これらのことから、カワセミの雛が誕生してから巣立つまで、1羽あたりおよそ200匹〜230匹の餌が必要であるといえます。

表4.5　育雛期給餌回数（1994年第1回目）　5月2日の雛の孵化から5月25日雛の巣立ちまでの23日間、6羽の雛に合計1364匹の餌を給餌した。

時台	4	5	6	7	8	9	10	11	12	13	14	15	16	17	18	合計
5月2日		1	0	2	1	2	1	2	2	2	1	4	1	3		22
5月3日	1	4	1	4	3	1	1	3	1	2	3	3	3	3	1	33
5月4日	1	4	2	3	2	3	1	2	2	4	2	4	4	3	1	38
5月5日	2	2	4	2	2	1	2	3	3	1	2	1	3	4	3	35
5月6日	4	3	2	2	1	2	0	4	1	2	2	5	2	4	3	38
5月7日	1	4	0	3	3	2	1	2	2	5	2	2	5	5	2	39
5月8日	3	4	2	3	2	3	1	4	1	7	2	4	3	5	2	46
5月9日	4	4	2	3	4	4	0	4	5	4	4	5	5	4	3	53
5月10日	4	5	3	4	1	3	6	4	5	1	1	3	5	7	1	53
5月11日	2	5	5	5	4	4	2	4	6	4	4	5	5	5	1	58
5月12日	2	7	5	7	4	3	4	7	3	4	4	5	6	3		64
5月13日	2	7	3	2	8	1	2	5	3	4	2	7	8	5	1	60
5月14日	3	3	3	12	2	5	5	5	3	6	9	2	6	4	2	70
5月15日	1	7	8	6	2	7	9	4	3	6	5	4	3	9	2	76
5月16日	6	6	6	6	7	4	7	4	6	3	10	6	6	2	5	84
5月17日	4	7	3	3	6	1	7	7	6	5	3	5	3	5	2	67
5月18日	3	6	4	3	7	4	2	4	6	6	9	7	5	4	4	74
5月19日	6	6	1	4	6	3	3	5	6	8	5	6	8	1	3	71
5月20日	4	6	2	10	4	4	6	4	10	6	5	8	10	6	3	88
5月21日	3	8	6	8	7	6	8	2	6	6	7	4	5	4	3	83
5月22日	2	7	5	4	8	4	3	6	2	5	5	5	3	3	4	66
5月23日	4	6	4	7	6	6	6	4	3	7	5	4	5	6	3	76
5月24日	3		6	5	4	7	6	7	3	6	5	4	5	4	4	70
5月25日	巣立ち															
合計	62	114	77	104	95	79	84	96	88	101	93	109	110	100	51	1364
平均	2.7	5.0	3.3	4.5	4.1	3.4	3.7	4.2	3.8	4.4	4.0	4.7	4.8	4.3	2.2	

表4.6　育雛期給餌回数（2008年第1回目）　25日間に7羽の雛に合計1413匹の餌を給餌した。

時台	4	5	6	7	8	9	10	11	12	13	14	15	16	17	18	合計
5月1日												1	1	2		4
5月2日	1	1	2	1	3	1	1	1	2	2	3	2	2	4	1	27
5月3日	1	4	3	3	2	1	3	2	3	3	2	1	3	5	2	38
5月4日	2	4	2	3	3	1	1	2	3	1	3	2	4	4		35
5月5日	1	4	4	2	2	1	3	2	4	3	1	3	3	4	2	39
5月6日	2	5	1	3	2	1	2		4	3	3	5	7	7	1	46
5月7日	3	2	4	3	2	2	5	3	5	2	5	6	1	6	1	50
5月8日	1	4	4	4	1	4	4	1	4	3	1	8	2	3		48
5月9日	1	4	5	4	5	3	6	4	8	7	7	8	6	7	3	79
5月10日		8	7	7	6	3	3	5	5	4	1	6	6	6	2	69
5月11日	4	5	6	5	7	4	6	6	7	5	6	7	10	7	2	87
5月12日	5	8	4	4	7	5	8	6	6	5	6	7	7	7		85
5月13日	1	3	7	4	8	6	8	9	7	5	5	5	4	5	1	78
5月14日	3	3	1	4	5	4	3	3	4	6	8	2	4	10	1	61
5月15日	3	5	3	9	7	7	3	5	9	7	5	6	8	4		86
5月16日	1	10	7	4	6	4	4	1	4	7	1	10	6	12	1	78
5月17日	4	6	5	7	3	6	4	3	5	7	5	7	5	4	2	73
5月18日	1	13	3	5	6	6	2	4	4	4	5	2	6	7	1	69
5月19日	4	4	5	4	5	3	5	4	2	7	2	3	3	3	2	56
5月20日			1	1	3		1			2	7	5	5	5	2	36
5月21日	1	10	6	2	1	2	2	5	5	5	4	5	2	5	5	59
5月22日	3	10	6	2	3	4	3	3	1	4	3	5	5	11	3	66
5月23日	1		5	4	4	9	2	1	7	4		5	5	6	5	58
5月24日	1		5	5	2		3	2	6	2	6	2	6	1	1	42
5月25日	1	3	2	5	3	2	4	4	4	5	3	2	4	1	1	44
5月26日	巣立ち															
合計	48	116	97	94	99	78	86	76	102	106	96	111	119	139	46	1413
平均	1.9	4.6	3.9	3.8	4.0	3.1	3.4	3.0	4.1	4.2	3.8	4.4	4.8	5.6	1.8	

■4.6　巣立ち

◎子育てのフィナーレ

　巣立ちは、カワセミ子育てのフィナーレを飾る一大イベントといえます。

　親鳥にとっては、これまで巣穴の中に餌を運べばよかったのが、巣穴の外の数羽の雛へ給餌しなければならず、また、天敵から守るために安全な場所へ雛を誘導するという大変な作業も待ち受けています。

　雛は、飛ぶ練習などできないほどの狭い産室から、一気に広い野外へ飛び出さなければなりません。それに、飛ぶ練習や餌を捕る練習という初めての試練が待ち受けています。

　一方、観察者は、この時点ではじめて、何羽の雛が育っていたかが確認でき

ます。また、巣立ちの時刻、雛の飛び方、親鳥の雛の誘導の仕方など、調べなければならないことがたくさんあります。

　1993年の第1回目の繁殖時は、6月27日に雛の巣立ちを確認しました。この日は、7時32分から観察を始めましたが、すでに巣立ちの最中で、その後8時9分、9時17分、11時24分の3回巣立った雛を観察しました。観察前にも巣立った雛がいると予測されますので、実際には3羽以上の雛が巣立ったと思われます。

　1993年の第2回目の繁殖時には、第1回目の苦い経験を生かして、確実に巣立ちした雛の数を確認しようと早朝から観察することにしました。巣立ちの日は、減量のための給餌回数の減少の開始日から4日目の朝と予測することもできるようになりました。また、親鳥の行動や巣立った雛の行動を観察するためには一人では困難ですので、自然教育園の若い人たちにもお手伝いをお願いしました。

　1993年8月14日、朝4時40分観察を開始、天気はあいにくの小雨、周囲はまだ薄暗く、ビデオでは撮影できませんので、肉眼だけが頼りです。すると、5時8分を皮切りに14分、18分、20分、21分、23分、25分とわずか17分間に7羽の雛が巣立ちました。

　その後、7時18分オス親が、餌をくわえて巣穴に入りましたが、約20秒後、餌を持ったまま巣穴から出て飛び去りました。おそらく巣穴の中に雛がいないことを確認しに来たのだと思われます。

　翌1994年の第1回目の繁殖時は、5月25日朝4時10分観察を開始しました。4時44分、オス親が金魚を持って巣穴に入りましたが、しばらくして餌をくわえたまま止まり木に戻りました。次の瞬間、親鳥を追うようにして1番目の雛が巣立ちました。4時44分でした。その後、5時28分、6時33分、6時34分、6時41分、7時55分と6羽の雛が巣立ちしました。

　そして、9時35分と9時37分の2回、メス親が餌を持って巣穴の中に入りましたが、餌を持ったまま巣穴から飛び去りました。最後の点検に来たようです。

　1994年の第2回目の繁殖時は、7月11日朝4時観察を開始しました。この繁殖時には、雛の孵化4日目からメス親が失踪し、オス親だけで子育てをしていましたので、何羽の雛が巣立つのか大変興味がありました。4時26分親鳥が餌を持って止まり木に止まり、4時33分巣穴の中に入り、餌を与えるとすぐ飛び去りました。4時39分、親鳥のいない時に1番目の雛が巣立ってしまいました。その後、4時52分に2番目、5時16分に3番目、5時19分に4番目、6時6分に5番目と6

4.6 巣立ち

図4.39 餌で雛を誘導する親鳥（ビデオ画面より転写） (a) 親鳥（右）が雛に餌を与えるそぶりをする。(b) 親鳥は餌を持ったまま飛び去る。(c) 親鳥につられ雛も飛び立つ。

109

番目、そして8時55分に7番目と実に7羽の雛が巣立ちました。ほとんどオス親1羽で子育てしていたためか、かなり神経質になっていて、雛を安全な場所に誘導しようと、執拗に追い立てている姿が印象に残りました（**図4.39**）。10時52分と11時30分の2回、オス親が巣穴の中に入り、やはり最後の点検をしていました。

◎巣立ちは早朝が多い

　カワセミの巣立ちには、3回立ち会うことができました。ふつうは、親鳥が餌を持って止まり木に止まり、雛の巣立ちを促すことが多いのですが、親鳥が巣穴から出ると同時に雛が巣立つことや、親鳥のいない時に雛だけで巣立ってしまうことがあることもわかりました。

　これまで巣立ちの時刻や巣立った雛の数が確認されているいくつかの資料から、巣立ちの時刻について分析してみますと、巣立ちの時刻は早朝が多いようです。特に、5時から5時30分までの早い時間帯が、圧倒的に多いことがわかりました（**表4.7、図4.40**）。これは、天敵から身を守るためと考えられます。

　巣立ちの開始から終了までの時間は、かなりばらつきがありました。これまで私が入手した記録の中で一番短かったのが、1993年8月の自然教育園の17分で7羽、一番長かったのが、1988年8月の岐阜（三浦さん宅）の2日間にわたっての28時間29分で7羽でした。北海道は、本州に比べ日の出時刻が早いため、雛の巣立ち時刻が早いようです。

　また親鳥は、最後の雛が巣立った約2時間後に必ず巣穴に1〜2回来ます。おそらく、雛を安全な場所に誘導し、ある程度雛に給餌し、一段落した時点で、巣穴の中に雛がいないか最後の点検に来ると考えられます（**口絵A37、38**）。

4.6 巣立ち

表4.7 各地のカワセミの巣立ちの時刻と所要時間 北海道は本州に比べ、日の出時刻が早いため、雛の巣立ち時刻も早い。

場所・月日		雛の数 1	2	3	4	5	6	7	8	所要時間
東京(港区)	1993年8月14日	5:08	5:14	5:18	5:20	5:21	5:23	5:25	-	17分
	1994年5月25日	4:44	5:28	6:33	6:34	6:41	7:55	-	-	191分
	1994年7月11日	4:39	4:52	5:16	5:19	6:06	6:06	8:55	-	256分
東京(立川)	1992年7月12日	5:08	5:17	5:20	5:51	7:30	-	-	-	142分
	1993年6月12日	5:14	5:17	5:18	5:21	5:21	5:24	5:59	-	45分
	1994年6月10日	4:54	5:13	5:30	5:37	6:07	6:25	-	-	91分
岐阜(関市)	1988年8月21・22日	5:21	5:34	5:41	6:10	6:30	8:57*	9:50*	-	1709分
北海道 (旭川)	1992年7月19日	5:37	5:58	6:36	7:51	8:09	12:18	12:46	-	429分
	1993年6月26日	5:35	6:00	6:50	7:20	7:23	7:30	-	-	115分
	1993年8月10日	4:52	4:52	5:04	5:36	5:55	6:50	-	-	118分
	1994年7月24日	5:18	5:20	5:24	5:26	5:45	5:45	5:46	7:00	102分
	1994年8月9日	4:15	4:46	5:00	5:01	5:20	7:59	8:04	8:26	251分
	1995年8月27・28日	8:05	8:39	5:30*	5:30*	6:55*	7:15*	-	-	1390分
	1996年7月10日	5:58	6:12	6:29	6:43	6:46	6:46	6:47	-	49分
	1996年8月10日	4:31	4:32	4:39	4:42	4:54	4:54	-	-	23分
	1996年7月12日	4:18	4:37	4:57	5:13	5:15	5:15	5:17	-	59分

＊は翌日巣立ち

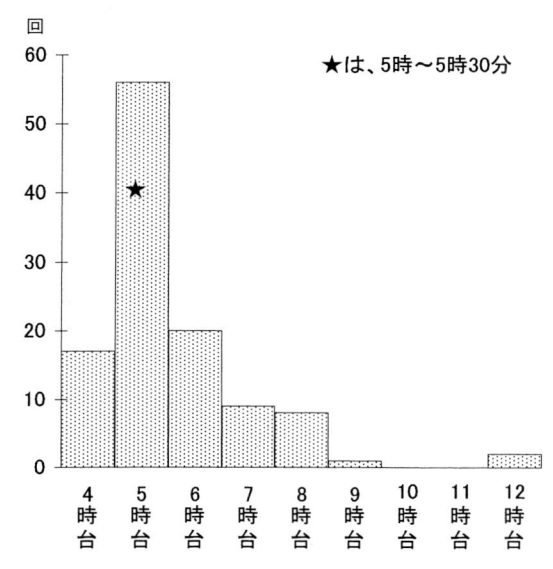

図4.40 巣立ちの時間帯頻度 巣立ちは、5時台が最も多く、なかでも5時から5時30分までの早い時間帯が圧倒的に多い。

(★は、5時〜5時30分)

10羽の雛の保護飼育
（東京都港区自然教育園、世田谷区自宅）

雛の救出作業

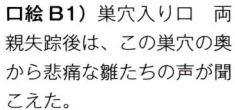

口絵 B1) 巣穴入り口　両親失踪後は、この巣穴の奥から悲痛な雛たちの声が聞こえた。

口絵 B2) 巣穴の測定　穴の奥行と勾配を調べ、救出方法を検討した。

口絵 B3) 雛の救出作業　職員総出で、3時間20分かけて雛を救出した。

雛の保護飼育1（自然教育園産7羽）

口絵B4) 救出した直後の雛　ほぼ1日給餌されていないため7羽ともかなり衰弱していた。

口絵B5) 羽軸におおわれた雛　孵化後18日目なので羽はまだ羽軸におおわれている。

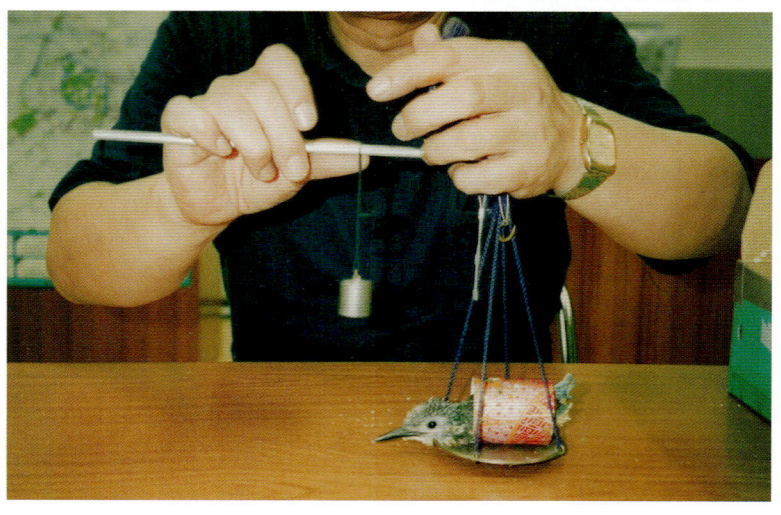

口絵B6) 体重測定　健康管理のため、毎日、朝・夕2回体重を測定した。

口絵B7）餌をねらう雛　巣立ち4～5日目、深さ10cmくらいの水槽から自分で魚を捕れるようになった。

口絵B8）自然復帰の訓練（？）　テレビで自然番組を見せて自然復帰の準備を行なった。

口絵B9）7羽が勢揃い　いつも喧嘩ばかりでバラバラに止まっているが、7羽が勢揃いしたのはこの時だけであった。

雛の保護飼育 2（自然教育園産 7 羽）

口絵B10）インセクタリウム内部（撮影：川島徹）チョウの飼育施設で、中には草や木が植栽され、天敵防止用の網も張ってあり、最適な最終訓練所であった。

口絵B11）自分で餌を捕る雛（撮影：三枝近志） すべての雛が深い水槽からも餌を捕ることができ、放鳥も間近である。5羽が確認できる。

口絵B12）体を測定中の雛（朝日新聞社提供） 山階鳥類研究所の茂田良光氏により体重や翼長などを測定の後、足環を装着した。

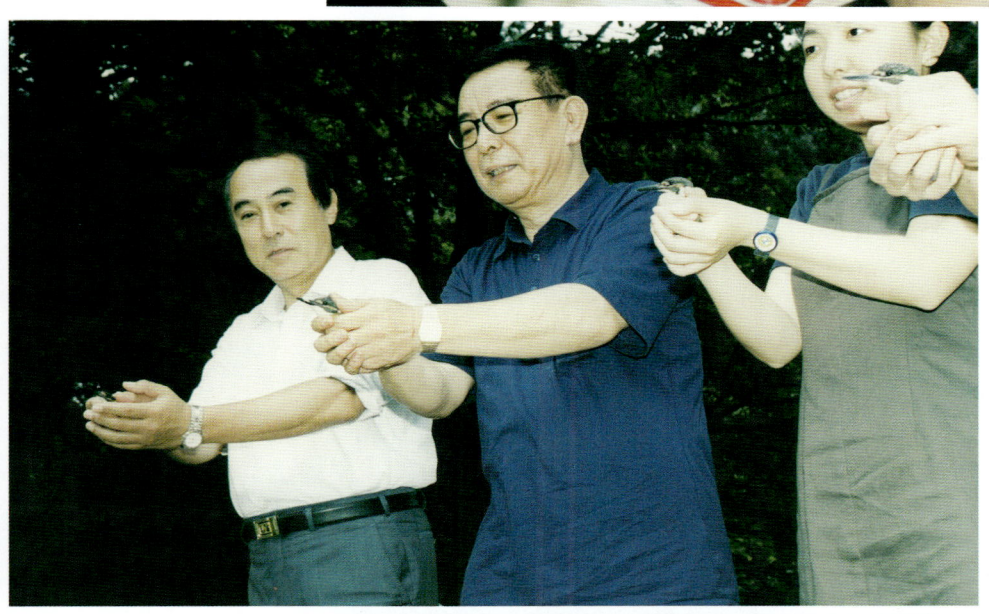

口絵B13a）4羽の放鳥（朝日新聞社提供） 2000年7月15日、4羽の雛を自然教育園内の水生植物園に放鳥した。残り3羽は7月30日に放鳥した。

口絵B13b）最後の放鳥 7月30日、最後に放鳥したのは、人をいろいろ惑わした忍者雛「青」であった。

雛の保護飼育3（八王子産3羽）

口絵B14）八王子市横川町の崖崩れ現場（撮影：山本久志）　ここで2000年6月、カワセミが繁殖した。そして、6月28日、工事中に巣穴から5羽の雛が救出された。

口絵B15）飼育中の5羽の雛（撮影：山本久志）　生きた餌の入手がむずかしく、アユやイワナを細く切って、1～2時間おきに給餌していた。

口絵B16）残された3羽の雛　5羽のうち2羽が死亡し、残された3羽を保護飼育した。左から橙（青）・黄緑（桃）・黄（桃）である。なお、（　）内は補助のカラーリング。

口絵B17) 保護飼育中の10羽の雛　下の籠が自然教育園産7羽、上の籠が八王子産3羽。

口絵B18) 著者の自宅で保護飼育中の雛　八王子産は3羽で止まり木に止まることが多かった。なぜか輪ゴムをくわえている。

口絵B19) びしょ濡れになった雛　餌捕りや水浴びでびしょ濡れになり、初期の頃は2時間近く羽が乾かなかった。油脂腺の発達が悪く、油が出なかったためである。

口絵B20) 生まれ故郷での放鳥　約50日間保護飼育した結果、餌も捕れるようになり、羽も乾くようになったため、2000年9月2日、八王子市の城山川に3羽を放鳥した。このうち「橙」が翌年3月6日、城山川で死体で発見された。半年間自然の中で生きていたことになる。

カワセミのおもしろ生態
(神奈川県横浜市)

撮影：越川耕一

口絵C1) ピッ　ちょっと失礼！　カワセミは水様性の糞を「ピッ」と飛ばす。

口絵C2) ベッ　魚の骨やザリガニの殻などの不消化物は、ペリットとして口から「ベッ」と吐き出す。

口絵C3) パクッ　大好物の金魚。こんなに大きくても「パクッ」と、一口で食べてしまう。

第5章　保護飼育への挑戦
―雛の里親体験―

第5章　保護飼育への挑戦　―雛の里親体験―

■5.1　雛の誕生と親鳥の失踪

◎5年ぶりの繁殖

　2000年は、1月1日から1月27日までは、前年からのメスと思われる若鳥が継続して飛来していましたが、その後2ヵ月間は、カワセミの飛来はありませんでした。

　3月28日、オスの成鳥が飛来しました。そして、それから毎日のように繁殖地にやってきて、巣穴の中に入っていました。

　4月12日、オスが3度、モツゴの頭を先にしてくわえて飛んできました。これは、自分が食べるのではなく、メスにプレゼントする時のくわえ方です。しかし、メスは来ず、オスは自分でモツゴを食べてしまいました。もしかしたら、メスはついてきたものの、途中で帰ってしまったのかもしれません。

　今年も繁殖は見られないのだろうか？　少しがっかりしましたが、幸い、オスは繁殖をあきらめていないようで、依然としてせっせと巣作りをしています。こうして4月27日まで巣作りを続けていました。

　4月28日6時20分、メスが繁殖地にやってきました。オスはしきりに、メスに巣穴の存在をアピールしたり、餌をプレゼントしたりしています。

　ついに5年ぶりに、カワセミの繁殖が開始されたのです。

　求愛給餌については、第4章4.2節ですでに述べましたが、オスからメスへのプレゼントが193回もあった熱愛カップルのようでした。

　また、抱卵期については、第4章4.4節で述べたように完全な記録が取れましたが、雛の孵化4日目にメス親が夜巣をあけてしまうハプニングがありました。

　このロスタイムの時間と1995年の抱卵期の観察記録から考えて、2000年は6月1日を雛の誕生と推定しました。

◎予想外の雛の誕生

　ところが、推定した3日前の5月29日に1羽の雛が孵化したとみえ、10時44分に親鳥が給餌を始めたのです。29日は3回、30日は6回、31日は8回給餌しましたが、いずれも親鳥の嘴に隠れてしまいそうな8mmくらいの極小のモツゴです（**図5.1**）。ビデオテープを何度も何度も見直し、目を凝らして見てやっと確認できるような小さな小さなモツゴです。

5.1 雛の誕生と親鳥の失踪

図5.1　極小のモツゴ（ビデオ画面より転写）
親鳥の嘴に隠れてしまいそうな8mmくらいの大きさ。

　これまでの調査では、孵化初日でも給餌数回目には2〜3cmの魚を運んでいますし、孵化2日目、3日目となりますとかなり大きな魚も給餌します。なぜ3日間とも極小のモツゴで、しかもわずかな回数しか給餌しないのでしょうか。実に不思議な行動です。
　これは、先に孵化した1羽の雛に通常の量の餌を給餌した場合、後から孵化した雛と成長に大きな差が出るため、おそらく親鳥は、雛を成長させないで生命を維持できるだけの量を給餌したのではないかと、私は推測しました。もしこの推測通りであれば、鳥の本能的な行動には驚くべき合理性があることを証明するものになると思います。
　なお、残りの雛は推定通り6月1日に孵化しました。

◎メス親の失踪

　6月1日、すべての雛への給餌が始まり、卵の殻出しなども観察され、オス・メス交替で順調に運んでいました。ところが、孵化10日目（6月10日）の5時20分を最後に、メス親の姿が見られなくなってしまいました。
　これまでにも、1994年第2回目の繁殖時には4日目にメス親が、1995年の繁殖時には17日目にオス親が失踪したことがありましたが、残された親鳥が雛を巣立ちまで立派に育てたという実績がありましたので、さほど心配はしていませんでした。事実残されたオス親は、毎日孤軍奮闘、せっせと雛に餌を運んでいました。

◎夫、妻の失踪知らず？

　これまでの調査では、日ごとの給餌回数は、雛の孵化後5日目までは1時間あ

第5章　保護飼育への挑戦　―雛の里親体験―

たり2～3回、10日目から15日目は4～5回、17日目から21日目は5～6回と増え、そして巣立ち3日前から3～4回と急激に減少するという傾向があります。

2000年の給餌の時間帯と回数は**表5.1**の通りです。この表から見ますと、9日目までは例年と同様の給餌回数ですが、メス親が失踪した10日目以降は2.5～4.2回と例年に比べても減少しています。

そこで、1994年の第1回目の繁殖時の給餌回数は全数が記録されていますので、これと比較してみることにしました。1994年の繁殖時には雛の数が6羽でしたので、2000年の繁殖時の雛の数7羽に合わせ、数値を7羽に換算してあります。

この結果、1994年と2000年では9日目までの給餌回数は＋5～－12とわずかな差ですが、メス親が失踪した10日目以降は、最少19回、最大44回、平均33回と大きく減少していました（**表5.2、図5.2**）。

また、2000年の6月9日までのオス・メスの給餌回数の割合を調べてみますと、オスが245回で約62％、メスが153回で約38％でした。さらにメスの失踪後のオスの給餌回数を、1994年の繁殖時の給餌回数から割り出してみますと、全体が647回でそのうちオスの給餌回数は376回で約58％でした（**表5.3**）。残りの42％はメス親が運ぶ分です。オス親はメス親の失踪する前も後も約60％しか雛に給

表5.1　育雛期の給餌回数（2000年）　9日目までは例年同様だが、メスが失踪した10日目以降は、例年に比べ給餌回数が少ない。

時台月日	4	5	6	7	8	9	10	11	12	13	14	15	16	17	18	合計
6. 1	―	1	2	2	2	2	3	0	2	0	0	2	4	2	2	24
2	3	4	1	2	1	2	2	1	2	3	1	4	2	8	2	38
3	3	4	2	1	3	1	2	1	1	6	2	1	4	7	2	40
4	5	3	4	3	3	1	0	4	3	2	1	1	4	5	5	44
5	6	3	2	5	3	2	3	3	3	2	4	4	3	5	1	49
6	6	2	3	1	4	4	4	3	3	2	3	1	2	6	2	46
7	4	4	2	3	4	6	1	3	4	3	3	3	2	5	4	51
8	6	6	4	4	6	2	3	4	1	2	3	4	6	3	2	56
9	2	5	4	3	3	1	5	5	4	2	6	3	2	5	0	50
10	5	5	3	1	2	3	2	3	2	2	2	3	4	0	―	39
11	3	3	2	6	2	2	1	3	5	2	2	1	3	1	1	37
12	2	3	3	3	4	2	3	3	3	4	4	4	1	3	1	45
13	2	5	9	11	3	3	5	3	4	4	8	1	2	2	1	63
14	2	5	4	4	3	4	3	4	2	1	4	6	1	1	―	48
15	7	5	4	4	5	1	3	4	3	3	3	4	4	3	0	56
16	5	3	4	4	4	4	3	3	4	3	4	1	4	3	―	50
17	5	6	6	3	4	4	4	2	2	2	1	―	―	―	―	43
合計	66	67	59	60	56	47	47	49	51	44	49	43	49	65	27	779
平均	4.1	3.9	3.5	3.5	3.3	2.8	2.8	2.9	3.0	2.6	2.9	2.5	3.1	4.1	1.7	―

5.1 雛の誕生と親鳥の失踪

餌していないことになります。

　つまり、オス親はメス親が失踪したことを知らずに自分の分担分の餌だけを給餌していたと推測されるのです。

　確かに抱卵期には、オス・メスが繁殖地内で合図を交わしながら交替をすることが多いのですが、育雛期の場合にはオス親・メス親個々に給餌しており、その際特に合図らしき行動はあまり見られません。そのため今回のような給餌

表5.2　1994年と2000年の給餌回数の比較　雛の孵化後9日目まではわずかな差であるが、メスが失踪した10日目以降は、給餌回数が大きく減少している。

孵化後の日数	1994年 実測（6羽）	1994年 換算（7羽）A	2000年 実測（7羽）B	給餌回数差 B−A	備　考
1	22匹	26匹	24匹	−2匹	
2	33	39	38	−1	
3	38	44	40	−4	
4	35	41	44	+3	
5	38	44	49	+5	
6	39	46	46	0	
7	46	54	51	−3	
8	53	62	56	−6	
9	53	62	50	−12	
10	58	68	39	−29	メス失踪
11	64	75	37	−38	
12	60	70	45	−25	
13	70	82	63	−19	
14	76	89	48	−41	
15	84	98	56	−42	
16	67	78	50	−28	
17	74	87	43	−44	オス失踪
合計	910	1,065	779	−286	

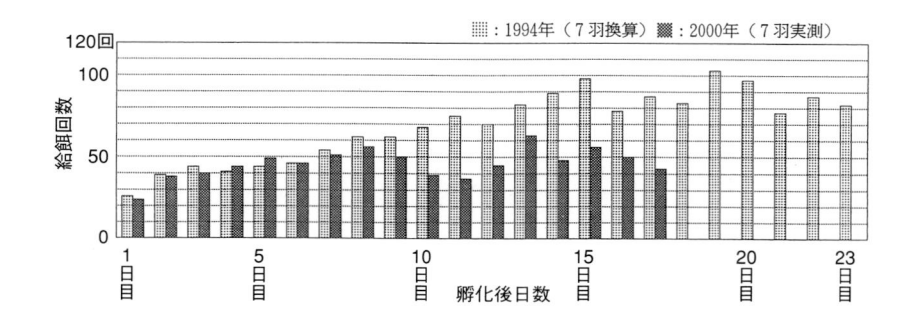

図5.2　1994年と2000年の給餌回数の比較　メス親が失踪した10日目以降は、急激に減少している。

第5章　保護飼育への挑戦　―雛の里親体験―

表5.3　メス失踪前・失踪後のオスの給餌回数　メス失踪前は、オス62％、メス38％の割合であったが、メス失踪後もオスは58％しか給餌していないことになる。

給餌回数とオス・メスの割合（2000年）

月日	オス	メス	合計
6月01日	15回（62.5％）	9回（37.5％）	24回
6月02日	28回（73.7％）	10回（26.3％）	38回
6月03日	30回（75.0％）	10回（25.0％）	40回
6月04日	31回（70.5％）	13回（29.5％）	44回
6月05日	27回（55.1％）	22回（44.9％）	49回
6月06日	29回（63.0％）	17回（37.0％）	46回
6月07日	28回（54.9％）	23回（45.1％）	51回
6月08日	29回（51.8％）	27回（48.2％）	56回
6月09日	28回（56.0％）	22回（44.0％）	50回
全体（平均）	245回（61.6％）	153回（38.4％）	398回

メス失踪後のオスの給餌回数と1994年資料から導いた比率

月日	オス	メス	1994年7羽換算
6月10日	34回（50.0％）	―	68回（100％）
6月11日	37回（49.3％）	―	75回（100％）
6月12日	45回（64.3％）	―	70回（100％）
6月13日	63回（76.8％）	―	82回（100％）
6月14日	48回（53.9％）	―	89回（100％）
6月15日	56回（57.1％）	―	98回（100％）
6月16日	50回（64.1％）	―	78回（100％）
6月17日	43回（49.4％）	―	87回（100％）
全体（平均）	376回（58.1％）	―	647回（100％）

回数の減少に表われたと思われます。したがって2000年の育雛期は、1994年に比べ後半ではメス親の給餌分がないため、約60％の量の餌しか雛に給餌されなかったことになります。

◎さらにオス親まで失踪？？

　6月17日15時頃、企画展「カワセミの子育て ―生中継―」のテレビを見ていた入園者が、1時間見ているが、親鳥（オス親）が雛に餌を運んでこないというのです。「そんなことはないはずです。もうきっと来ますよ、きっと続けて来ますよ」といいながら、私も一緒にテレビを見ていました。17時の閉園時刻、入園者は帰り、その後も19時まで私はテレビを見ていました。しかし、オス親は姿を現わしません。帰宅してからも気が気ではありませんでした。
　翌18日の日曜日、早朝4時30分頃から自然教育園に行って観察小屋で観察していました。やはりオス親は現われません。これは大変なことになったと思いました。オス親も失踪し、巣穴の中には雛だけが取り残されてしまったのです。このまま放置すれば雛が死んでしまうのは明らかです。

5.1 雛の誕生と親鳥の失踪

　2000年は、監視カメラシステムの活用もあって、ここまで造巣・求愛・抱卵・育雛と一連のカワセミの繁殖生態の調査が順調に進んでいました。従来にもまして詳細な記録が取れ、これで調査は完全（？）と期待に胸が膨らんでいました。その矢先に「なぜ？」。大きく膨らんだ風船がバーンという大きな音とともに破裂し、しぼんでいくような衝撃が、体の中をかけ抜けていきました。

◎ヒナを拾わないで!!

　日本鳥類保護連盟や野鳥の会などで、「ヒナを拾わないで!!」というキャンペーンをしていることは知っていました（図5.3）。4～7月にかけては野鳥の子

図5.3　「ヒナを拾わないで！！」キャンペーンのポスター（日本鳥類保護連盟・日本野鳥の会発行）

119

第5章　保護飼育への挑戦　—雛の里親体験—

育てのシーズンです。まだ飛ぶ力が十分についていない雛が、地面にいると、迷子になったと思い拾ってしまうのは人情かもしれません。しかし、

① 地面に落ちている雛には、必ず近くに親鳥がいて戻ってきて、雛の世話をするはずである
② 人間は、雛に飛び方や危険から身を守る術を教えることはできない
③ 飼育すれば人に慣れて野生には戻れない
④ 多量の餌を確保することは、大変むずかしい
⑤ 死ねば他の動物の食べ物となるのが自然の掟である
⑥ 野鳥を飼うことは、法律で禁止されている

などがこのキャンペーンの趣旨です。確かにそのとおりで、気持ちの上ではよくわかります。

しかし、しかし、巣穴の中からは腹を空かせた雛が「助けて」といわんばかりに「ピィーピィー」と鳴き続けています。また、調査も途中でその相手がまだ生きているのです。これまでに蓄積したカワセミの子育てのデータや野鳥飼育の経験を生かし、何とかしたいという気持ちは、「ヒナを拾わないで！！」のキャンペーンの精神に反してしまうのでしょうか。

◎カワセミの飼育例（岐阜県三浦家）

　岐阜県の三浦勝子さんは、工場建設予定地に営巣したカワセミを観察していましたが、1992年5月25日に工事が始まった時、現場から、孵化直後と思われる雛6羽、卵1個、抱雛中のメス親鳥を保護した経験があります。

　孵化直後の雛の飼育は想像を絶するものがあります。三浦さんは、近くの川で小魚を捕ったり、ヒメダカを購入したりして生きた餌を確保したようです。しかし、2日目に1羽、4日目に2羽、5日目に1羽、7日目に1羽が死んでしまいました。それでも1羽が残り、元気に育ちました。三浦さんは引き続き、八百屋、スーパー、金魚屋からドジョウ・ヒメダカ・熱帯魚の餌用の金魚を購入したり、生き餌が入手できない時には、パック入りの小アユを水に浮かべて食べさせたりしました。

　しかし、12月にスーパーで購入したワカサギを与えたのが原因か、カワセミの羽が水に濡れたまま乾かなくなってしまったということです。獣医師の話では、ビタミンB系の不足・油壺の障害・寄生虫・細菌性の胃腸炎などが考えられるが、はっきりした結論は出せないとのことでした。

そして残念ながら、翌年3月3日、最後の1羽も死んでしまいました。

三浦さんは鳥の専門家ではありませんが、1988年に自宅の古墳に営巣したカワセミの繁殖を2度にわたり詳細に観察された方で、ことカワセミの観察に関しては第一人者です。この三浦さんにしても、カワセミの飼育はむずかしかったのです。

◎**カワセミの飼育例**（神奈川県立自然保護センター）

野生傷病鳥獣治療の専門の施設である神奈川県立自然保護センターにも、カワセミの保護飼育例がありました。1985年6月12日、川の護岸工事の際に7羽の雛が保護され、翌13日に保護センターに受け入れられました。飼育環境は、当初は鳥かご内、その後ケージ（縦360cm×横360cm×高さ305cm）での放飼です。しかし、6月28日、7月9日、7月29日、8月2日と4羽の雛が相次いで死んでしまいました。原因は明らかではありませんが、鳥かご・ケージ内に置いた水槽の水に溺れたと推定されています。死亡した雛たちは羽に油がなく、水に入るといつも濡れて飛ぶことができなくなってしまったようでした。

残る3羽は順調に成長し、行動、捕食された魚種、採餌量などの記録も取られています。それによりますと、1日1羽あたり平均7匹の魚が捕食されていました。8月16日、3羽は野外に放鳥されています。

専門の施設でさえも7羽中3羽しか育てきることができないほど、カワセミの飼育はむずかしいということがわかります。

■5.2　雛の救出

◎**雛の救出大作戦**

運の悪いことにオス親が失踪した翌日19日は月曜日（休園日）ですので、職員は全員出勤しない日です。救出するなら今日（18日）しかありません。休み中の藤村仁氏に電話でお願いし、出勤してもらうことにしました。藤村氏は野鳥の専門家で、自然教育園で行なっているツルやカラスの調査をお手伝いしていただいています。鳥に関して専門的な知識を持っていない私は、事あるごとに藤村氏に相談していました。頼りになる"鳥類調査の職人"です。

カワセミは、多くの野鳥のように地上や枝などに巣があるのではなく、赤土の壁面70～80cmの奥に雛のいる産室がありますので、救出はきわめて困難で

第5章　保護飼育への挑戦　―雛の里親体験―

す。そこで、救出方法をいろいろ考えました。
　①　強力な掃除機で雛を吸い出す
　②　ホースで巣穴内に水を入れ、雛を流し出す
　③　先の曲がった針金で雛を引っぱり出す
　しかし、いずれも雛の安全や巣穴の構造から無理ということになりました。残るは巣穴を掘るしかありません。前方から掘ってしまっては、今後巣穴が利用できなくなります。また将来、掘った穴を利用しての産室内の観察の可能性も考えられますので、結局、巣穴の上方から掘って産室の雛を救出するという作戦に決まりました。
　2000年6月18日11時、いよいよ雛の救出大作戦の開始です。巣穴の深さ（70〜80cm）や角度を計算して、産室をめざして穴を掘り始めました（**図5.4、口絵B2**）。中の雛には絶対傷をつけられませんので、史跡の発掘作業のような慎重さが要求されますが、できるだけ早く救出しなければなりません。職員総出で昼飯も忘れ掘り続けました（**図5.5、口絵B3**）。これほど職員が一丸となったのは、もしかしたら自然教育園始まって以来のことかもしれません。そのくらい、雛を何とか助けたいという気持ちが皆にあったのです。
　人間がすっぽり入るくらいの大きな穴を掘っても、まだ雛のいる産室にはたどりつきません。壁を通して雛の声が聞こえるようになると、一層慎重になり、掘るスピードも落ちてきました。

図5.4　巣穴の調査　巣穴の深さや角度を調べ、掘る位置や深さを決めていた。

図5.5 雛の救出大作戦風景 職員総出で昼食も忘れて掘り続けた。

◎救出成功！

　14時20分、作業開始から3時間20分、ついに雛を救出しました（**図5.6、口絵B4**）。7羽いました。救出した7羽のうち4羽は瀕死の状態で、残る3羽もかなり衰弱していました。すぐに実験室に移し、体重を測定し、モツゴを数匹食べさせました（**図5.7、口絵B6**）。個々の雛を識別するために、赤・青・黄・緑・橙・桃・水色のプラスチック製カラーリングの足環をつけました。

　救出は成功しましたが、7羽の弱った雛の世話は本当にできるのだろうかと、

図5.6 救出した7羽の雛 4羽は瀕死の状態、残る3羽もかなり衰弱していた。孵化18日目のため、まだ羽軸が羽を包んでいる。

第5章 保護飼育への挑戦 —雛の里親体験—

図5.7 雛の体重測定
健康管理のため、その後も毎日、朝と夕の2回体重の測定を行なった。

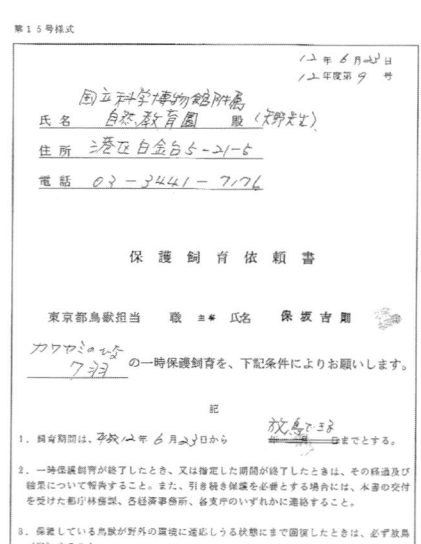

図5.8 保護飼育依頼書
鳥獣保護法をクリアーするため、東京都から保護飼育の許可を受けた。

やや自信がなくなりました。上野動物園では、これまでカワセミの飼育経験が豊富なので、引き取ってもらえないか相談したところ、残念ながら引き取れないということでした。

これで、7羽の雛に対する全責任が私の両肩にズシリと重くのしかかってきました。何としてでも7羽すべてを育て、自然教育園内に放鳥しようと強く決心したのです。これが、カワセミの雛の里親体験のはじまりです。

救出後数日経ってから、鳥獣保護員の中村文夫氏を通して東京都に保護飼育依頼書を申請し、6月23日に許可をいただきました（図5.8）。

なお、雛の救出後、オス親が出現するかを確認するために、7月5日までビデオによる観察を行ないましたが、現われませんでした。オス親は、6月17日15時頃から完全に失踪していたのです。

◎「空飛ぶ宝石」車で通勤

救出は孵化後18日目でしたので、巣立ちまではまだ5〜6日あります。雛たちは、本来ならば巣穴の奥深い薄暗い産室にいるはずですので、飼育箱は、実際の産室に近い「縦15cm×横20cm×高さ15cm」くらいのダンボール箱を使用することにしました。黒っぽい風呂敷をかけ、常に暗い状態にし、給餌のときだけ片方のふたを開け、足環の色を確認しながら1羽ずつ給餌しました。6月18日から6月28日までは、昼間は自然教育園で、夜間は自宅に持ち帰り飼育していました。このため、空飛ぶ宝石カワセミも、目黒〜三軒茶屋を車で通勤していたのです（図5.9）。

図5.9 鳥かごの中の7羽の雛 雛の巣立ち後は鳥かごに入れ、昼は自然教育園、夜は自宅と通勤していた。

■5.3 雛の保護飼育

◎保護飼育中の雛の行動

　飼育中ちょっと面白い雛の行動が見られました。雛を救出した6月18日の夜、給餌を終えた雛を飼育箱の中に戻したところ、時計の針と反対まわりに群れの中に隠れ、次に別の雛が正面に押し出されるようにやってきて、飼育箱のふたを開けた明るい方に尻を向けて糞をしたのです。岐阜の三浦さんも、巣穴の中や雛の飼育中に同様の行動を観察しています。

　おそらく自然状態では、狭い産室で雛が回りながら給餌を受け、その時巣穴入り口の正面に来た雛が、明るい入口方向に向かって糞をすると考えられます。このことは、順番に給餌を受けることや巣穴の中に糞をしないことなど、雛の均等な成長と巣穴内の清潔を保つ意味があり、非常に合理的と考えられました。

　6月21日になると、雛の鳴き声が「シャブシャブ」から「チッチッ」に変化し、その2〜3日後には「ツィッツィッ」という強い口調になりました。またこの頃、頭を上下に動かす雛独特のしゃっくり運動が始まるなど、巣立ち直前の雛の行動の変化を初めて知ることができました。

◎雛の餌の献立表

　救出した雛は孵化18日目でしたが、1994年に調査した育雛期の給餌回数・餌の種類・大きさなどの全記録がありますので、巣立ち前日の23日目まで、これを参考に当面の「献立表」（給餌計画）を作成しました（**表5.4**）。6月17日15時から翌18日14時までほぼ1日、雛は何も食べていませんので、18日と19日はやや多めに給餌し、その後は、調査記録を参考に、20日は1羽あたり15匹、減量期に入る21日は12匹、22日は13匹、23日は12匹給餌しました。

　親鳥は、早朝4時30分頃から夕方18時30分頃まで給餌しますので、私と家内も同様に早朝4時30分に起きて、夕方18時30分頃まで約1時間おきに給餌しました。巣立ち後のカワセミの雛の行動や餌に関する資料はほとんどありませんので、その後は試行錯誤の連続です。6月24日からは個々の雛の体重をみながら、体重の重い雛には小さめの魚を、軽い雛にはやや大きめの魚を与えるなど、均等に成長するよう配慮しました。

　雛自身が餌を捕れるようになってからは、1日1羽あたり10〜15匹の魚を、約

表5.4　雛の餌の献立表（1羽あたり）　1994年の観察記録をもとに作った、巣立ち前までの給餌回数および餌の種類・大きさの献立（2000年）。

月日 時	6. 18	6. 19	6. 20	6. 21	6. 22	6. 23
4		金（大）1	ド（特大）1	ド（特大）1	ド（特大）1	ド（特大）1
5		金（大）1 モ（中）1	金（大）1	金（大）1	金（中）1	金（大）1
6		金（大）1 モ（中）1	モ（中）1	モ（中）1	モ（中）1	モ（中）1
7		モ（中）3	金（大）1	金（大）1		金（大）1
8		金（大）1	モ（中）1	モ（中）1		モ（中）1
9		モ（中）2	ド（特大）1	ド（特大）1		ド（特大）1
10		モ（中）2 ド（特大）1	モ（中）1		ド（特大）1	
11		モ（中）1	金（大）1	モ（中）1	モ（中）1	
12						
13		ド（特大）1	ド（特大）1	ド（大）1	金（大）1	ド（大）1
14	モ（中）5～6	モ（中）1	モ（中）1		ド（特大）1	
15	金（大）2	ド（特大）1	金（大）1	モ（中）1	モ（中）1	モ（中）1
16		金（大）2 ド（特大）1	モ（中）1		金（大）1	金（大）1
17	金（大）2	モ（中）1	ド（特大）1	ド（特大）1	ド（特大）1	ド（特大）1
18	金（大）2	ド（特大）1	金（大）1	金（大）1	モ（大）1	金（大）1
19	モ（中）1	金（大）1				
20	モ（中）1					
合計	13匹	25	15	12	13	12

モ：モツゴ　　金：金魚　　ド：ドジョウ

2時間おきに給餌することにしました。

◎餌の確保と管理

　7羽分の生きた餌（魚）の確保は大変な仕事でした。入園者のまだいない早朝と入園者の帰った夕方に、園内の池からモツゴを捕り、自宅近くの魚屋からほぼ1日おきにドジョウを購入しました。ドジョウを餌の補助に使用したのは、ボリュームがあること、体型が細長いので雛でも呑みやすいこと、栄養価が高いこと、さらには、雛を放鳥した後のことを考えると、園内の池にモツゴがいなくなったのでは困りますので、モツゴを確保しておきたかったことなどが理由です。

　はじめの頃には、比較的容易に入手できる金魚類も給餌していましたが、値段が高いこと、金魚を与え続けると雛に障害が起こる可能性があるとの情報があったことから、途中から止めました。

　生きた魚の管理も大変でした。カワセミには土曜・日曜・休日などなく、毎

日餌を食べ続けます。魚屋が休みの日もありますし、悪天候で園内から生きた魚を入手できない日も予測されます。このことを考えると、いつも余裕をもって餌を確保しておく必要があります。初期の頃はドジョウの飼育がむずかしく、たくさん死んでしまいましたが、できるだけ少なく飼育すると死亡率が減ることがわかってきました。その結果、水槽の数も水中ポンプの数も増えてしまいました（図5.10）。

水の管理も大変でした。はじめの頃は、水道水のカルキ抜きに薬品を使っていましたが、費用がかかり、雛への影響もありそうだということで、止めました。そうすると、カルキを抜くためにますますバケツや水槽の数が増えます。飼育場には常に7〜8個のバケツと水槽が所狭しと並んでいました（図5.11）。

私の苦労を知ってか、いつのまにか「カワセミ基金」なるものが設立され、餌代、飼育器具購入費として多くの人がこのカワセミ基金に募金してくださいました。このことは、私を大いに励ますとともに、大変な助けとなりました（図5.12）。

◎体重30gを切ると巣立ち

前にも述べましたが、仁部氏の観察によりますと、孵化14日目〜15日目になると雛の平均体重は47g、最も重い雛は52gになります。カワセミの親の体重は35gくらいですので、雛が親よりも12g、個体によっては17gも重いことになります。しかし、巣立ちの前になると、親鳥が給餌を抑えるために体重は急激に減少し、30g以下に落ちると雛が巣立つといわれています。

今回自然教育園で救出した雛は、孵化18日目でしたが、救出直後に7羽の体重を測定したところ、最大42.0g、最小34.3g、平均37.3gでした。

その後、毎日早朝と夕方の2回体重を測定していましたが、予想より2日前の6月22日早朝、「橙」と「水色」が飼育箱から飛び出しました。ふつうカワセミの巣立ちは、巣穴のトンネルを通って外界に飛び出すことをいいますが、飼育の場合には、飼育箱の中から飛び出した時点を巣立ちとしました。翌23日早朝には、「黄」「赤」「青」「桃」が巣立ちました。この時、産室とトンネルを発泡スチロールと紙筒で作り、外でカワセミの親鳥の鳴き声のテープを流し、カワセミらしく、トンネルを通っての巣立ちをさせたいと試みましたが、トンネル経由で巣立ったのは「桃」1羽だけでした（図5.13）。翌24日には「緑」も飛び出し、これで7羽すべてが巣立ちました。

5.3 雛の保護飼育

図5.10 飼育水槽 給餌用・餌飼育用の水槽が部屋の中を埋め尽していた。

図5.11 さらに増える水槽 給餌用・餌飼育用さらにはカルキ抜き用と水槽・バケツは増えるばかりである。

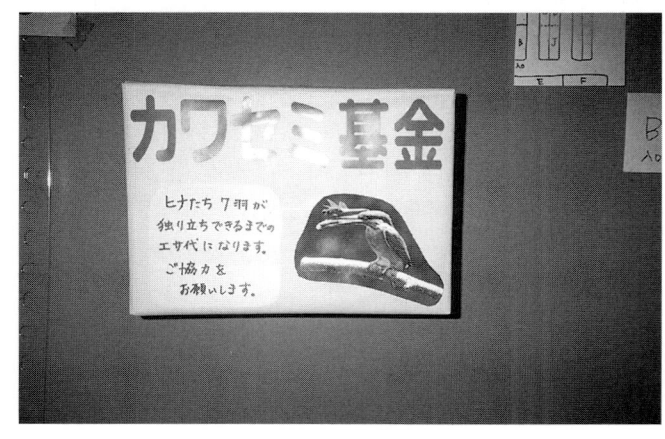

図5.12 「カワセミ基金」の基金箱 餌代・飼育器具購入費として多くの人が募金してくれた。

第5章　保護飼育への挑戦　―雛の里親体験―

図5.13　人工トンネルでの巣立ち　トンネルを通ってのカワセミらしい巣立ちをさせたいと試みたが、実際にトンネルを通って巣立ったのは「桃」1羽だけだった（筒の先に嘴が見える）。

　これまで、自然教育園の自然状態で観察したところでは、すべて孵化後24日目の早朝に巣立っていましたが、人間が飼育をしていたことが関係しているのか、22〜24日目と若干早くなったようです。

　巣立った日の体重と前日の体重を調べてみると、

　　橙　　31.0g　→　29.7g
　　水色　31.0g　→　29.8g
　　黄　　30.0g　→　29.9g
　　赤　　30.1g　→　29.8g
　　青　　29.7g　→　25.2g
　　桃　　30.2g　→　29.9g
　　緑　　29.9g　→　29.0g

と、ほとんどが体重30gを切った段階で巣立っていることがわかりました（**表5.5**）。

　その後、雛たちは餌を十分に食べましたが、飛行・水浴びなどの運動も活発なためか、25〜26gで安定していました。そして、7月15日の4羽放鳥の時点では、7羽平均で28.1g、7月30日の3羽放鳥の時点では、3羽平均で31.7gと順調に体重が増加していることもわかりました（**図5.14**）。

5.3 雛の保護飼育

表5.5 雛の体重の変化と巣立ち ほとんどの雛が体重30gを切った段階で巣立っている（2000年）。

	黄	桃	水色	赤	橙	青	緑	平均
6/18	42.0g	39.9g	37.0g	36.5g	36.4g	35.3g	34.3g	37.3g
19	—	—	—	—	—	—	—	—
20	39.0	35.1	34.2	35.0	34.8	35.5	35.1	35.5
21	32.5	32.0	31.0	31.0	31.0	29.5	30.0	31.0
22	30.0	30.2	29.8*	30.1	29.7*	29.7	30.5	30.0
23	29.9*	29.9*	26.8	29.8*	27.0	25.2*	29.9	28.4
24	25.2	25.1	25.0	25.1	25.1	25.0	29.0*	25.6
25	27.6	27.4	27.5	27.6	26.2	25.1	27.5	27.0
26	25.7	25.2	24.9	25.0	25.1	24.9	25.6	25.2
27	25.2	26.5	24.9	26.1	24.9	24.9	24.8	25.3
28	25.4	27.0	24.8	25.0	25.0	24.9	24.8	25.3
29	24.9	25.7	24.9	25.2	24.9	24.8	24.9	25.0
30	25.0	25.1	25.0	25.0	24.9	25.0	25.0	25.0
7/1	26.2	27.5	25.1	25.1	25.2	25.0	25.5	25.7
2	26.0	26.0	25.0	25.1	27.4	25.1	25.2	25.7
3	27.5	27.0	25.0	25.8	25.6	25.2	25.5	25.9
4	25.3	25.3	24.8	25.2	27.4	24.9	25.2	25.4
5	26.5	27.5	25.0	25.8	26.4	25.1	25.4	26.0
15	29.2**	30.1	27.0	27.0**	28.9**	26.8	28.0**	28.1
30	—	32.0**	31.7**	—	—	31.4**	—	31.7

＊巣立ち　＊＊放鳥

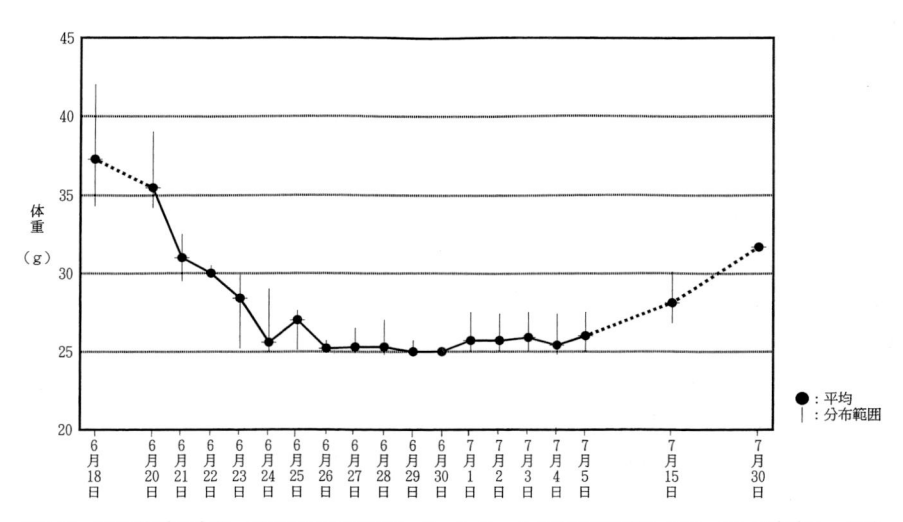

図5.14 雛の体重の変化 救出時7羽平均37.3gだったが、その後体重が絞られ25〜26gで安定し、放鳥時には28〜31gと順調に増加している。

■5.4　飛行・餌捕り訓練

◎講義室で飛行訓練

　すべての雛が巣立った6月25日、これまでの小さなダンボール箱からちょっと大きな鳥かごへ雛たちを移しました。巣立ち後は飛ぶ訓練が大切です。その飛行訓練の場として、自然教育園の講義室を借用することにしました(**図5.15**)。面積は約127㎡とかなり広く、十分です。ところが、広い講義室を飛びまわる雛の捕獲には大変苦労しました。はじめは昆虫採集用の捕虫網を使って捕獲していましたが、すべてを捕獲するのに時間がかかりましたし、雛に傷をつける恐れもありました。

　そこで"鳥目"を利用した「電気作戦」を考えました。つまり、雛の止まった場所を確認したら、すばやく照明を消し、部屋を真っ暗にしておとなしくなった雛を1羽ずつ捕獲していくのです。7羽もいると、これでも結構時間がかかります。しかし、教壇、机とあたりかまわず糞をすること、餌捕りの訓練にしては広すぎること、会議や実習に使用することなどから、6月28日で講義室での飛行訓練は打ち切ることにしました。

◎自宅で餌捕り特訓

　次に飛行・餌捕りの訓練所として選んだのが、自宅の居間兼食堂の6畳間で、6月29日から訓練を開始しました。餌捕り・水浴びの訓練は、最初は、鳥かご

図5.15　飛行訓練に使用した講義室　面積約127㎡と広く、飛行訓練の場としては適していたが、諸事情のため、4日間で打ち切った。

5.4 飛行・餌捕り訓練

の中に魚を入れた皿で慣れさせ、次は、部屋の中で深さ5cmくらいの入れ物、さらには深さ10cmくらいの入れ物、最終的には深さ20cmくらいの水槽と、難易度の違う入れ物を用意しました（**図5.16**）。

訓練中は、早朝4時30分頃起こし、体重を測定し、給餌した後、部屋に放します。最初の頃は、1時間おきに1羽1羽捕まえて差し餌をしていましたが、自分で餌が捕れるようになってからは、2時間おきに水槽に餌を入れました。私の勤務中は、家内に給餌・観察などを任せ（**図5.17**）、夕方帰宅するとその日の出来事の報告を受けて、翌日の訓練内容を決めました。

とにかく、7羽の雛が部屋中を飛び回り、水浴び・餌捕りをするのですから、絨毯はびしょびしょ、壁には糞が滝のように流れ、乾いたペリット（骨などの

図5.16　難易度の違う水槽　深さの違う水槽を3タイプ用意し、餌捕り訓練を開始した。

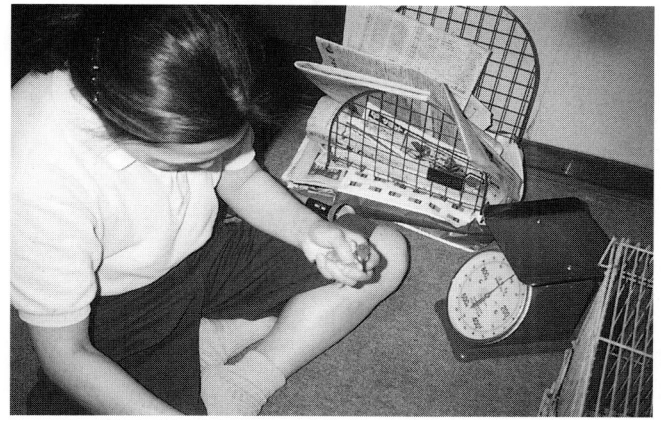

図5.17　給餌風景　1羽1羽確認しながら差し餌をしていた（妻佑子）。

第5章　保護飼育への挑戦　—雛の里親体験—

不消化物を口から出したもの）は一面に散在します。それはそれは居間とは思えない様相でした（図5.18～5.20、口絵B7～B9）。新築の家だったら絶対にできなかったでしょう。20数年目の官舎住まいだったからできたのかもしれません。心から"官舎"に"感謝"です。なお、カワセミの保護飼育終了後は、連日窓を開けて換気しました。また、官舎を立ち退く際には、畳・壁紙などすべて新しいものに取りかえ、リフォームしてから関東財務局にお返ししました。

◎**雛たちの本能**

　野生の鳥は、餌捕りにせよ飛行にせよ、親鳥が手本を示し、雛がそれをまねます。しかし、保護飼育された鳥の場合はそうはいきません。

　タンチョウヅルなどでは親鳥がいない場合、人間が親鳥の形をした着ぐるみを着て飛行や餌捕りの訓練をします。カワセミの場合、私が海水パンツをはいて水槽をピチャピチャとしても、カワセミが真似してくれるとは思えません。

　多少時間はかかるかもしれませんが、親鳥がいなくても、必ず雛たちは本能で行動すると私は思っていました。予想は当たり、6月26日、「桃」が皿のモツゴを初めて捕り、「橙」が深い水槽で3～4回水浴びをしました。雛が7羽もいる

図5.18　絨毯はびしょびしょ　7羽の雛が水浴び・餌捕りをすると、絨毯はびしょびしょになる。毎日、新聞紙を取り替えるのが大変な作業であった。

5.4 飛行・餌捕り訓練

図5.19 壁を滝のように流れる糞 部屋中を飛び回るので部屋中糞だらけ。特に止まり木の後の壁、クーラーの上は糞が滝のように流れている。

図5.20 ペリットは針のむしろ（撮影：三枝近志）吐き出した直後は、湿っているので固まっているが、乾くとバラバラになり、骨片が人の足に刺さるとチクチクと痛む。

と、リーダー格がいて、他の雛に行動の手本を示すものです。これを機に、すべての雛が浅い水槽で水浴びをするようになり、翌27日には「黄」がモツゴを捕り、「緑」が深い水槽で5～6回水浴びをするようになりました。

　6月29日には、「赤」「水色」「桃」も自分で餌が捕れるようになり、「青」以

外は深い水槽でも水浴びができるようになりました。

　雛の一日の行動は、次の観察日誌（6月30日）のような状態です。

- 4：30　起床・体重測定。朝食（ドジョウ1匹ずつ）の後部屋に放す。
- 5：15　きわめて静か。まだ半分眠っている。
- 6：00　「緑」7回水浴び、あまりびしょびしょでもない。8回目ついに大きなモツゴを捕る。絵の額の上でたたいて食べた。
- 6：05　「緑」3回水浴び。
- 6：10　「橙」1回水浴び。
- 7：00　「桃」皿のモツゴを捕る。たたいている時、綱引きの末「青」に半分取られる。
- 7：30　「赤」3回水浴び。
- 8：00　「黄」皿からモツゴ3匹、「桃」1匹、「緑」1匹、「赤」1匹それぞれ食べる。
- 10：00　「桃」が皿のドジョウ捕る。それを「青」が取り、「緑」が来て綱引きとなったが「青」が食べた。呑んだ後も「緑」が「青」をつつく。（全部で5分以上）
- 10：30　「桃」ドジョウ捕る。これを「緑」が取り食べた。「緑」水浴び12回。「桃」何度もドジョウに挑戦するも逃げられる。「橙」水浴び12回。
- 11：00　全員鳥かごに入れる。お昼寝。
- 13：10　鳥かごから出す。
- 13：30　「橙」モツゴ2匹、「緑」3匹、「桃」2匹、それぞれ食べる。
- 14：00　「橙」皿のドジョウ捕る。「青」に取られるが、「橙」取り返し食べる。
- 14：20　「水色」水槽の横に飛びつく、3回。大きい金魚、4羽で取り合う。後に7羽の争いとなり、結局「青」食べる。
- 15：50　「青」初めて水浴び35回。羽がなかなか乾かない。
- 16：20　「緑」水槽からモツゴ捕る。
- 16：35　「赤」水槽からスジエビ捕る。
- 17：15　「桃」水浴び20回。「黄」浅い水槽からモツゴ2匹捕る。
- 17：45　この間水浴び・餌捕りなどいろいろな行動あり。
- 18：45　「黄」水槽からモツゴ捕る。

◎餌の奪い合い

たとえば7月1日13時頃には、こんな記録があります。

　「赤」皿のモツゴ捕るが、「青」に取られる。2回目も「青」、3回目は「緑」、4回目も「青」、5回目は「黄」が取り、これを「緑」が取る。6回目は「緑」、7回目にやっと「赤」が自分で食べた。

5.4 飛行・餌捕り訓練

図5.21 餌の奪い合いは日常茶飯事 餌の奪い合いは、いろいろな組み合わせで日常的に行なわれていた。

　このように、餌の奪い合いはいろいろな組み合わせで日常的に行なわれていました（**図5.21**）。
　自然状態では巣立ち後も親鳥が雛に給餌するため、雛は餌をもらう習性が残っているのでしょう。また、求愛給餌の時、メスはオスから餌をもらう習性があるため、特にメス雛にこの傾向が強いと感じられました（雛の性別については後述）。もっともこれらの行動は、親鳥のいない保護飼育下における独特の行動とも考えられます。

◎雛の性格

　6月18日から7月4日までの観察で、個体差はあるものの、飛行・水浴び・餌捕りなどの行動が日一日と変化し、それぞれ前進していることがわかりました。個々の雛の性格も少しわかってきました。なお、オス・メスの判定は、後の7月15日に山階鳥類研究所の茂田良光氏にしていただいたものです。

- 橙（メス？）：最初に巣立った雛でリーダー格。水浴びはよくする。餌は深い水槽からもよく捕るが、他の雛に餌を取られることもある。オスかもしれない。
- 水色（オス）：最初に巣立った雛。浅い水槽からは餌を捕れるが、あまり積極的でない。
- 緑（オス）：最後に巣立った雛だが、深い水槽からもよく餌を捕る。他の雛の餌を取ることはめったにない。
- 赤（オス）：よく餌を捕るが、他の雛に餌をよく取られる。
- 桃（オス）：浅い水槽からは餌をよく捕るが、あまり積極的でない。

137

第5章　保護飼育への挑戦 ―雛の里親体験―

図5.22　特訓中の「青」
青は自分では餌を捕らず、他の雛の餌を奪い取る生活をしていた。そこで1羽だけで特訓したところ、7月5日早朝5時、1匹のドジョウを自分で捕ることができた。

　黄（オス？）：自分でも餌を捕れるが、他の雛の餌もよく取る。メスかもしれない。
　青（メス）：自分では餌を捕らない。他の雛の餌を奪い取る生活をしている。

　7月4日の時点では、「青」以外の6羽はすべて深い水槽から餌を捕ることができるようになっていました。しかし、「青」だけは自分で餌を捕らず、他の雛の餌を奪い取るという生活をしていました。訓練の最終段階は、場所を自然教育園内のインセクタリウム（昆虫飼育施設）に移そうと考えていましたが、自分で餌を捕れないのでは困ります。
　そこで、インセクタリウムに放す前夜と当日の早朝、「青」1羽だけを部屋に放し特訓したところ、7月5日早朝5時頃、1匹のドジョウを自分で捕ることができました（**図5.22**）。こうして「青」も無事、他の6羽とともにインセクタリウムに放せるようになりました。

◎インセクタリウムでの最終訓練

　訓練場所として選ばれたインセクタリウム（**図5.23**、**口絵B10**）は、チョウを飼育し、日曜日11時から「チョウのくらし案内」で一般に公開している施設です。面積は約80m²、高さ4m、木や草が植栽された半自然の環境で、飛行・餌捕り・水浴びの最終訓練には最適の場所でした。周囲は金網張りのため、ネコ・ヘビ・カラスなどの天敵は侵入しませんし、二重ドアなので、人の出入りの際に雛が逃げ出すこともありません。またカワセミは、チョウの成虫や幼虫

5.4 飛行・餌捕り訓練

図5.23 最終訓練所のインセクタリウム（撮影：川島徹） 面積約80㎡、木や草が植栽された半自然の環境で、飛行・餌捕りなどの最終訓練には最適の場所であった。

を食べませんので共存が可能です。このように、インセクタリウムにはいろいろと好条件が備わっていました。

インセクタリウム内には、これまで自宅で使い慣れた浅めの水槽のほか、新たに深さ50cmくらいの大きな水槽も用意し、1日7～8回、1回あたり10～15匹の餌を給餌しました。ビデオカメラによる観察を行なっていましたが、個々の雛の識別が困難なため、どの雛が何匹の餌を食べたかは確認できませんでした。しかし、給餌した餌は連日すべて食べられていました。

行動の開始は早朝4時30分頃、終了は夕方19時頃までで、自然状態と同じでした。ほとんどの雛が、ほぼ1日中、水槽の周辺や樹木の枝で過ごし、水浴びや餌捕りも盛んに行なっていました（**図5.24**、**口絵B11**）。野外であれば別々の場所で行動するのでしょうが、閉鎖された空間ですのでこのような行動になると考えられます。

インセクタリウムでの飼育は、当初は約10日間を予定していましたが、7月5日から9月1日までの長きに渡りました（延長した理由などについては後述）。「チョウのくらし案内」に参加された方は、「チョウ以外にカワセミまで観察で

第5章 保護飼育への挑戦 ―雛の里親体験―

図5.24 立派に成長した雛（撮影：川島徹）　インセクタリウム内で、飛行・餌捕りなどの訓練も順調に進み、日一日と成長していく雛。

きた」と喜ばれていました。

■5.5　放鳥へ

◎「手乗りカワセミ」に注意！

　野生動物は、人間が毎日給餌すると、人に慣れて野生に戻れなくなる恐れがあります。ですから、手乗り文鳥やインコのような「手乗りカワセミ」が誕生しないよう、いつも注意を払っていました。巣立ち前とその後数日間は、1羽ずつに差し餌をしていましたが、巣立ち後は、自宅の部屋の中に皿や水槽を置いてそこに餌を入れ、自由に採餌させていました。その時、雛はいくら空腹でもすり寄ってきて餌を要求することはありませんでしたし、かえって、部屋に放したあとは逃げまわり、再び捕獲するのが大変なほどでした。ここでも、講義室の時に考え出した「電気作戦」（p.132）が大変役に立ちました。
　というわけで、夏でも冬用の厚手の黒いカーテンを引き、クーラーもつけられず、人間はきわめて不快指数の高い生活をしておりました。
　インセクタリウムで飼育していた時は、さらに人間との距離は離れていました。木の茂みなどに身を隠すことも多く、毎朝・毎夕7羽の確認をするのがとても大変な仕事でした。

◎水生植物園に放鳥

インセクタリウムでの最終訓練も順調に進み、いよいよ放鳥のときがやってきました。

6月18日に救出してから28日間、あの衰弱していた7羽の雛がよくぞここまで成長してくれた、と感無量です。皆で穴を掘り雛を救出したこと、毎日毎日朝4時30分に起き、19時頃まで給餌したこと、園内の池でモツゴを捕ったこと、1日おきくらいに魚屋にドジョウを買いに行ったことなどが一度に思い起こされます。救出の時に決意した「すべての雛を自然教育園内に放つ」という目標も果たせ、肩の荷がスーッと下りたような気がしました。

山階鳥類研究所の茂田良光氏がみえ、体の各部の測定や環境庁の足環の装着をしてくださいました（**図5.25**、**表5.6**、**口絵B12**）。放鳥の場所は、餌の一番豊富な水生植物園としました。また、一度に7羽すべてを放鳥するのは危険が多いこと、後で述べますが、八王子から来た雛の教育係として3羽を確保しておきたいことなどから、7月15日には「赤」「黄」「緑」「橙」の4羽を（**図5.26**、

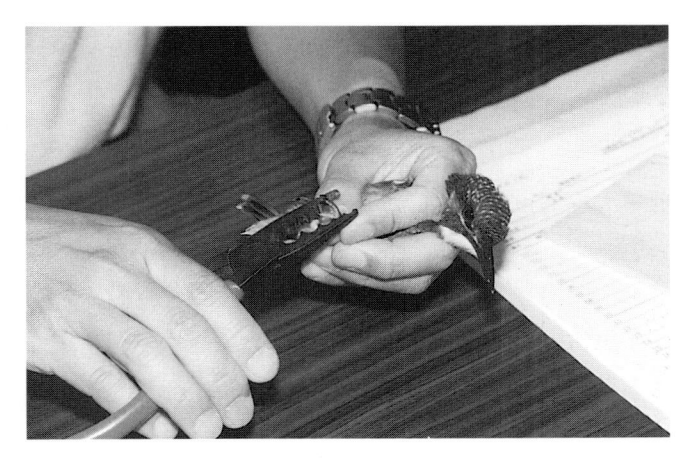

図5.25 体の各部の測定
（朝日新聞社提供） 山階鳥類研究所の茂田良光氏により各部の測定、環境庁の足環の装着をした。

表5.6 足環番号と体各部の測定値（茂田良光氏測定）

整理No.	足環番号	右左	保護地名	測定日	性別	年齢	カラー	自然翼長	尾長	体重
1	XA-05551	左	教育園	7月15日	♂	J	水色	70.7	—	27.0
2	XA-05552	左	教育園	7月15日	♂	J	桃	70.0	30.0	30.1
3	XA-05553	左	教育園	7月15日	♀	J	青	71.3	31.1	26.8
4	XA-05554	左	教育園	7月15日	♀?	J	橙	70.9	30.6	28.9
5	XA-05555	左	教育園	7月15日	♂?	J	黄	68.5	31.3	29.2
6	XA-05556	左	教育園	7月15日	♂	J	緑	71.0	—	28.0
7	XA-05557	左	教育園	7月15日	♂	J	赤	69.5	32.1	27.0

第5章　保護飼育への挑戦　―雛の里親体験―

図5.26　放鳥（朝日新聞社提供）　2000年7月15日に「赤」「黄」「緑」「橙」の4羽、7月30日に「青」「桃」「水色」の3羽を放鳥した（左が岡孝男元園長、中央が筆者）。

口絵B13a）、その後、7月30日に「青」「桃」「水色」の3羽を放鳥しました。

◎忍者雛「青」

　7月30日、2回目の放鳥の時、インセクタリウムで飼育中の3羽を捕獲しようとしました。「水色」と「桃」はすぐに捕獲できたのですが、「青」がどうしても見つかりません。前日の夜までは確かに3羽確認されていましたので、3人で1時間近く探しましたが、どうしても見つかりません。死亡したのか逃げたのかと諦め、2羽を水生植物園に放鳥しました。

　ところが、放鳥後にインセクタリウムに戻ると、「青」が止まり木に止まっているのです。「青」は、以前には自分で餌を捕らず他の雛の餌を横取りしたり、まったく人騒がせな雛でした。ともあれ「青」も捕獲し、めでたく3羽の放鳥となりました（**図5.27**、**口絵B13b**）。

　飼育中のカワセミは、人間から逃げたり、人間を避けたりする行動が常に見られましたし、「青」にいたっては、人間をだます術まで身につけていて、まるで忍者のようです。

　このようなわけで、飼育上しばしば問題となる「人慣れ」は、今回はまったくなかったと思います。雛が7羽いたことが幸いしたのかもしれません。1羽での飼育例を見ますと、どうしても人間との距離が近くなりがちですが、7羽いると、雛どうしの仲間意識、あるいは競争意識が生まれるため、人間とは距離ができるのだと推測されます。

5.5 放鳥へ

図5.27　最後の放鳥
（2000年7月30日）　忍者雛「青」

◎放鳥後の追跡調査

　雛は、7月15日に4羽、7月30日に3羽、いずれも水生植物園内に放鳥しましたが、その後の雛の行方・行動などを観察するため、追跡調査を7月15日から9月1日までの49日間行ないました。

　観察地点は放鳥した水生植物園のベンチ前で、観察時間は、早朝は入園者がまだいない6時頃から8時30分の間の40～60分間、夕方は入園者が退園した17時頃から18時30分頃の間の40～60分間です。

　観察は、「足環のある幼鳥（15日放鳥・30日放鳥の別）」「足環のない幼鳥」「成鳥」「姿のみのカワセミ」「声のみのカワセミ」の6項目とし、その他、採餌・飛行・カラスとの関係などの行動についても記録しました（**表5.7**）。

　その結果、4羽を放鳥した7月15日から7月20日までは、多い時で3羽確認することができましたが、7月20日～29日になると1羽～2羽と減少しています。また、「ゼロ」という日が5日間ほどありますが、これは水生植物園にカラスが群れで飛来していた時でした。もっとも、水生植物園以外のひょうたん池、水鳥の沼では調査できませんでしたので、カワセミがこれらの池にいた可能性もあります。

　30日に3羽放鳥したあとは、足環つきの幼鳥を頻繁に観察できましたが、双眼鏡を使用していたため、色の識別までできず、15日に放鳥した雛か30日に放鳥した雛かの確認はできませんでした。8月4日以降に望遠鏡で観察するように

143

第5章　保護飼育への挑戦　—雛の里親体験—

表5.7　放鳥後の追跡調査　調査は水生植物園で行なっていたが、他の池にいる可能性もある。

月日	時刻	15日放鳥	30日放鳥(色)	幼鳥(足環なし)	成鳥	姿確認	声確認	合計
7.15	夕方	④						4
16	早朝	2				1		3
〃	夕方					2		2
17	早朝					2		2
〃	夕方					1		1
18	早朝					2		2
〃	夕方					2		2
19	早朝					2		2
〃	夕方					1		1
20	早朝	2		1				3
〃	夕方							0
21	早朝					1		1
〃	夕方					2		2
22	早朝					1		1
〃	夕方					2		2
23	早朝							0
〃	夕方					1		1
24	早朝			1				1
〃	夕方							0
25	早朝	1				1		2
〃	夕方						1	1
26	早朝					1		1
〃	夕方							0
27	早朝					1		1
〃	夕方						1	1
28	早朝	2				1		3
〃	夕方					2		2
29	早朝					1		1
〃	夕方							0
30	早朝		③					3
〃	夕方	2			1			3
31	早朝	2						2
〃	夕方		1					1
8.1	早朝	1					1	2
〃	夕方							0
2	早朝	1					1	2
〃	夕方							0
3	早朝							0
〃	夕方							0
4	早朝	1						1
〃	夕方					1		2
5	早朝	1						1
〃	夕方		1					1
6	早朝							0
〃	夕方							0
7	早朝		1	1		1		3
〃	夕方		1			1		2
8	早朝					1		1

月日	時刻	15日放鳥	30日放鳥(色)	幼鳥(足環なし)	成鳥	姿確認	声確認	合計
8.8	夕方		1					1
9	早朝	1						1
〃	夕方	1						1
10	早朝					1	1	2
〃	夕方		1					1
11	早朝	1	1					2
〃	夕方					1		1
12	早朝					1		1
〃	夕方					1		1
13	早朝		1			1		2
〃	夕方		1	1				2
14	早朝		1	1				2
〃	夕方		1				1	2
15	早朝					1	1	2
〃	夕方					1		1
16	早朝							0
〃	夕方							0
17	早朝							0
〃	夕方							0
18	早朝							欠測
〃	夕方							
19	早朝							
〃	夕方							0
20	早朝							0
〃	夕方							0
21	早朝							0
〃	夕方							0
22	早朝							0
〃	夕方							0
23	早朝							0
〃	夕方							0
24	早朝							0
〃	夕方							0
25	早朝							0
〃	夕方							0
26	早朝							0
〃	夕方							0
27	早朝							0
〃	夕方							0
28	早朝							0
〃	夕方							0
29	早朝							0
〃	夕方							0
30	早朝							0
〃	夕方			1				1
31	早朝					1		1
〃	夕方							0
9.1	早朝							0

なってからは、足環の色も識別できるようになり、8月4日夕方から8月14日夕方までの幼鳥は、30日に放鳥した「水色」であることが確認できました。なお、7月30日夕方から8月4日早朝までに観察された足環つきの1羽は、「水色」の可能性もありますので、もしそうだとすると、7月30日に放鳥したあと8月15日までの17日間、園内に滞在していたことになります。

しかし、他の雛は意外に早い時期に姿を消しています。他の緑地へ分散していったのか、死亡してしまったのかは不明です。その後も、職員はじめ関係者からカワセミの情報を得ていますが、放鳥した足環つきの幼鳥は残念ながら確認されていません。

第6章　八王子からのSOS

第6章　八王子からのSOS

◎4羽の雛の受け入れ

　話は前後しますが、自然教育園産カワセミの雛の飼育を始めて22日目の2000年7月9日、八王子にお住まいの山本久志氏から電話がありました。カワセミの雛5羽を飼育していたが、餌の確保や世話に困難が生じたため、雛を引き取ってもらえないかとのお話でした。私は、その時7羽の雛の世話で手一杯でしたので、飼育上の注意点などをお話ししてお断りしました。

　2日後の7月11日、山本氏に連絡したところ、1羽は死亡、1羽は瀕死の状態ということでした。巣立ち前に飼育箱の中に水を置いたため、雛が水の中に入り、羽が乾かず死んでしまったということでした。

　このままでは残りの雛も危険です。餌や飼育環境などが備わり、今回飼育経験をした自然教育園で飼育する方がよいと考え、7月12日に雛4羽を受け入れることにしました。4羽のうち、1羽はかなり衰弱していて生きた魚を受けつけないため、栄養剤などを与えましたが、翌13日早朝に死亡してしまいました。この時点で、私の手元にいるカワセミの雛は、自然教育園産7羽（インセクタリウムで飼育中）、八王子産3羽の計10羽となりました（**図6.1**、**口絵B17**）。

◎山本氏の奮闘

　山本氏にこれまでの保護・飼育の経緯を伺いましたところ、1999年8月の集中豪雨の際、八王子市横川町で大規模な崖崩れが起き、新しい赤土面が現われたところ、その赤土面に翌2000年、カワセミが営巣したとのことです（**図6.2**、**口絵B14**）。6月28日15時頃、防災工事中にカワセミの巣穴が見つかり、救出し

図6.1　カワセミの雛
　自然教育園産（左）と八王子産（右）の雛

図6.2　八王子横川町の大規模崖崩れ現場（撮影：山本久志）　1999年8月の集中豪雨で崖が崩れ、翌年その赤土面にカワセミが営巣した。

た5羽の雛を近所に住む山本氏が保護することになりました。

　山本氏は野鳥に関しては素人の方で、動物園や獣医師と相談しながら雛の飼育を始めました。落ち葉とタオルを敷いた飼育箱を用意したり、白熱灯で雛を温めたり、試行錯誤の連続だったようです。餌は生きた魚の入手が困難だったため、アユやイワナを細かく切って1～2時間おきに与えていたそうです（**図6.3、口絵B15**）。川魚の入手がむずかしい時は、イワシやマグロ、キャットフードなどを与えてみましたが、食べなかったそうです。結局、6月28日から7月12日までの15日間、カワセミたちは山本氏宅で飼育されました。

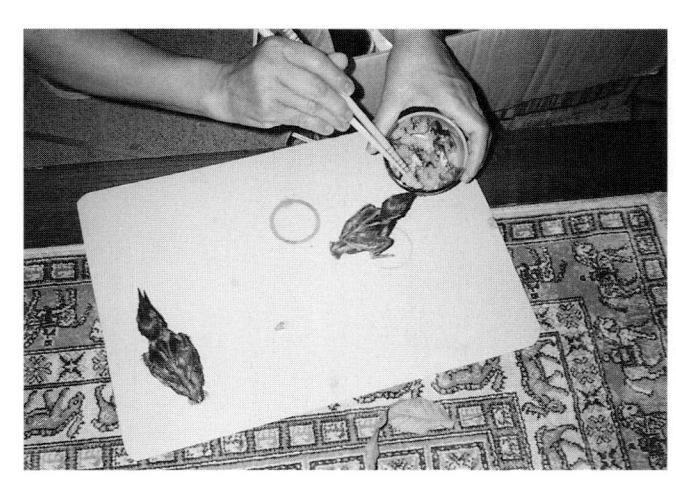

図6.3　給餌を受けるカワセミの雛（撮影：山本久志）　生きた魚の入手が困難なため、アユやイワナを細かく切って給餌していた。

第6章　八王子からのSOS

◎3羽の雛の飼育開始

　12日に受け入れた3羽の八王子産雛には、個体識別をするために「黄」「黄緑」「橙」のカラーリングをつけ、はじめは自宅で、後にインセクタリウム内で飼育することにしました（**口絵B16**）。給餌の回数と餌の種類は自然教育園産の雛の時とほぼ同様です。12日には前回同様、再び中村文夫氏を通して保護飼育依頼書を申請し、許可書をいただきました。

　7月12日から27日までの16日間は、自宅での八王子産雛3羽の単独飼育、7月28日から30日までの3日間は、インセクタリウム内での自然教育園産雛3羽と八王子産雛3羽の合同飼育、7月30日から9月2日までの35日間は、インセクタリウムで八王子産雛3羽の単独飼育を行ないました。次の記録は、自宅での雛の行動について観察記録から拾い出したものです（記録者は妻佑子）。

7月12日から27日までの15日間の自宅での飼育状況

7月12日　「黄」巣立つ。

7月13日　「橙」巣立つ。9時30分雛独特のしゃっくり運動をしてさかんに鳴く。11時30分、鳥かごの中の浅い皿にモツゴを入れると興奮して見ている。

7月14日　「黄緑」巣立つ。これで3羽とも巣立ったことになる。逆算すると八王子産雛は6月18日頃孵化し、孵化10日目に保護救出されたと推定された。9時15分「黄」鳥かごの中に入れたドジョウをたたいて食べた。18時00分「黄」新聞紙の上にはねたドジョウを食べた。どの雛も餌をたたいて食べるようになる（**図6.4**）。

7月17日　7時00分「橙」水浴びをする。9時まで2時間羽乾かず。

7月18日　13時00分「黄」水槽のふちに長時間止まり、浮いてきたモツゴ捕る。

図6.4　餌をくわえたまま死んだふりをする雛
餌を給餌すると、なぜか目を開けたまま死んだふりをする。2〜3分たつと起き上がって飛び去るのだが……。

15時00分「黄緑」・「橙」水浴びで羽が濡れる。「黄」水槽のふちからモツゴを狙うが逃して濡れる。15時30分3羽とも羽を乾かしている。羽を乾かす時は網戸近くにいることが多い（**図6.5**）。

7月19日　7時40分「橙」水に飛び込む。椅子（高さ45cm）まで飛び上がれず、床の上を歩く。その後ストーブの後ろに身を隠す。9時00分「黄緑」水浴び、羽乾かないで飛べる。ストーブの後ろに身を隠す。「橙」と2羽になる。14時10分「黄緑」床に投げたドジョウ捕る。「橙」と奪い合い2羽でくわえたまま飛ぶ。14時30分「黄緑」椅子の上のドジョウ捕る。「橙」が奪い食べる。「黄」水の中のモツゴ見つめている。14時45分「橙」水浴び。濡れて床の上歩きまわる。「黄」水に飛び込みたいが飛び込めずもぞもぞしている。14時53分「橙」嘴をひっかけて水槽のふち（高さ10cm）に登る。14時53分「黄」ついに水に飛び込む。全身濡れ床の上を歩く。その後網戸の近くで羽を乾かす。15時00分「橙」ストーブの後ろに身を隠す。この間「黄緑」は椅子の上からこの様子を見ている。「黄緑」は水浴びしても比較的乾きが速いが、「黄」・「橙」は軽い水浴びでも羽が乾くまでに2時間くらいはかかっている。

7月20日　11時15分「黄緑」テーブル（高さ約70cm）から深い水槽のモツゴ捕る。その後15分で椅子まで飛び、25分で止まり木（高さ約1.8m）まで飛ぶ。12時00分「黄」床にまいたモツゴ捕るが、3回とも「橙」に取られる。13時05分「黄」水浴び、濡れて飛べず床の上を歩きまわる。14時35分羽が乾く。「橙」が「黄緑」の捕ったドジョウを2回続けて奪う。これまでは「黄緑」が「橙」の餌を奪っていたが、昨日午後からは逆転し、「橙」が「黄緑」の餌を奪うことがしばしば見られた。

7月21日　10時30分「黄」浅い水槽からモツゴ捕るが「橙」に取られる。「黄」濡れる。羽を乾かすため網戸近くへ移動。その後ストーブの後ろに身を隠す。1時

図6.5　羽を乾かす雛
羽が濡れると網戸近くにいることが多い（矢印）。

151

間30分後にテーブルまで飛ぶ。「黄緑」が止まり木やテーブルをつつくだけで「橙」が餌を捕ったと思いもらいにくる。15時00分「黄」水浴び、全身濡れストーブの後ろに身を隠す。17時すぎにテーブルに飛び上がる。17時45分「橙」止まり木から飛び込み水浴び。床の上をさかんに動き回って羽を乾かす。1時間で止まり木まで飛んだ。18時00分「黄緑」餌を狙うが失敗し水浴びに終わる。40分で止まり木まで飛んだ。

7月22日　「黄緑」皿のモツゴ捕るが「橙」に取られる。「黄緑」皿から床に飛び出したモツゴ捕る。

7月23日　12時30分「黄」浅い水槽のドジョウ捕るが逃げられる。床を歩きまわって羽を乾かす。40分で椅子の上に飛んだ。12時40分「橙」浅い水槽からモツゴ捕る。30分後には飛んだ。13時30分「黄緑」浅い水槽からモツゴ捕り、すぐ止まり木まで飛んだ。

7月24日　「黄」14時20分より30分くらい水槽の中を見ている。14時50分テーブルの上から水槽に飛び込む。全身濡れ網戸の近くで羽を乾かす。30分後テーブルの上まで、その10分後止まり木まで飛んだ。

7月25日　「橙」浅い水槽からモツゴ捕り、すぐテーブルまで飛んだ。

7月26日　3羽とも水浴びなし。

◎水が苦手な雛たち

　第5章で述べたように、自然教育園産の雛は、巣立ち後2〜4日目ですべての雛が水浴びをし、深い水槽の中の餌捕りをしてもすぐに飛ぶことができました。それに比べ八王子産の雛は、水浴びをしたり水中の餌捕りをすると全身がビショ濡れになり、羽がなかなか乾きません。雛たちは2時間近くも飛ぶことができず、身を隠そうとストーブのうしろに隠れる行動が常に見られました。

　餌も、皿や浅い水槽から床に飛び出したものや床の上にまいたものは飛びついて採餌しますが、浅い水槽の中の餌でさえ捕ろうとしないのです。まさに、水が苦手なカワセミの雛なのです。原因は、背中にある油脂腺の発育が悪く油が出ず、羽が乾きにくいと考えられましたが、このことについては後述します。

◎10羽に追われててんてこ舞い

　この頃私は、毎朝4時30分に起きて、自宅で八王子産雛の3羽の世話をし、それから6時頃自然教育園に行って、インセクタリウム内で飼育中の3羽に給餌、園内へ放鳥した4羽の行動追跡調査、飼育中の6羽分の餌捕りをしていました。八王子産の雛3羽の世話は、昼間は家内にまかせましたが、私は勤務の合間を

ぬって、インセクタリウム内で飼育中の3羽への2時間おきに給餌、夕方は園内に放鳥した4羽の行動追跡調査、餌捕りなどをしていました。(図6.6、図6.7)。こんな状態が7月26日まで続きましたから、とにかく忙しい12日間でした。

　自宅での飼育も、自然教育園産の雛が17日間、八王子産の雛が15日間と長期にわたっていました。当時、私は三軒茶屋の官舎に単身赴任、家族は読売ランドの自宅と二重生活をしていました。家内とは毎日電話や書き置きのメモで密に連絡を取り、雛への給餌は1時間とあけないようにしていました。しかし、長期にわたったためか、世話係の家内は疲労が溜まり、原因不明の軽い皮膚病にかかってしまいました。インセクタリウム内では、八王子産の雛の教育係として3羽の自然教育園産の雛も継続飼育していましたが、この3羽の放鳥の時期

図6.6　餌捕り風景　早朝と夕方、ほとんど毎日水生植物園でモツゴなどの餌捕りを行なっていた。

図6.7　1回の捕獲量　所要時間20分くらいで100匹近くのモツゴが捕獲できた。

第6章 八王子からのSOS

も過ぎています。

　課題はたくさん残されていましたが、7月27日、八王子産の雛3羽をインセクタリウム内に放すことにしました。

　なお、八王子産雛の体重の変化を**表6.1**、**図6.8**に示しました。巣立ち前後の

表6.1　八王子産雛の体重の変化　9月2日の放鳥の時には、3羽の平均が29.2gであった。

	黄	橙	黄緑	平均
7/12	27.5g*	27.8g	27.5g	27.6g
13	29.5	30.2*	30.0	29.9
14	27.0	29.9	29.8*	28.9
15	27.5	29.8	30.0	29.1
16	29.8	30.1	29.8	29.9
17	29.8	30.1	30.3	30.0
18	26.2	30.0	29.8	28.7
19	25.3	27.6	27.6	26.8
20	25.1	26.8	29.9	27.3
21	25.2	27.8	28.0	27.0
22	27.7	28.1	30.0	28.6
23	27.2	27.5	28.0	27.6
24	25.7	27.0	26.1	26.3
25	25.5	27.7	25.2	26.1
26	26.6	28.5	28.2	27.8
27	26.2	26.2	25.2	25.9
7/30	26.5	27.3	32.0	28.6
9/ 2	28.0	30.0	29.6	29.2

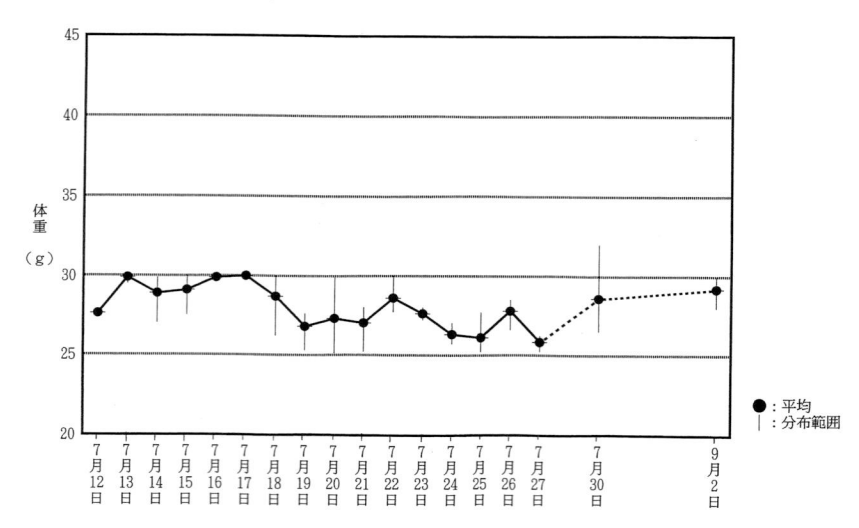

＊巣立ち

図6.8　八王子産雛の平均体重の変化　放鳥時には3羽平均29.2gと増加している。

体重は30gくらいでしたが、その後の体重は27～28gで、自然教育園産の雛より
やや多めでした。9月2日の放鳥の時点では3羽の平均が29.2gと増加していました。

◎インセクタリウムでの合同飼育

　インセクタリウムでは、自然教育園産の雛3羽を八王子産の雛の教育係として継続して飼育していましたが、そこに7月27日10時30分、八王子産の雛3羽をインセクタリウム内に放しました。

　カラーリングの色は、自然教育園産の雛は「青」、「桃」、「水色」、八王子産雛は「黄＊」、「黄緑＊」、「橙＊」です。どちらの雛かがわかりやすいように、八王子産には＊をつけました。雛たちの行動の一部を次に記します。

インセクタリウム内での合同飼育中の行動記録（7月27日10時30分～14時）

10時33分	給餌。
10時48分	（自然教育園産雛）採餌。
10時50分	「水色」採餌。
11時04分	「青」採餌。
11時05分	「桃」採餌。
11時17分	「水色」採餌。
11時28分	八王子産雛3羽餌が気になり下を見ている。
11時30分	「黄緑＊」餌に向かって下りるがそのまま飛び去る。
11時35分	「黄＊」餌場に下りるがすぐ飛び去る。
11時36分	「水色」採餌。
11時39分	「青」採餌。
11時44分	八王子産雛3羽水槽のまわりに集まる。
11時46分	「黄＊」初めて採餌。
11時48分	「黄緑＊」水槽で水浴び。飛べず歩く。
11時51分	「桃」採餌。「黄緑＊」飛ぼうとするが飛べず。
11時57分	「青」採餌。
12時03分	「橙＊」水槽に落ちて飛べず歩く。
12時08分	「黄緑＊」少し飛ぶ。
12時13分	「橙＊」飛ぼうとするが失敗。「黄緑＊」と「橙＊」は床の上を飛んだり歩いたりを繰り返す。「黄緑＊」の方が乾きがやや速い。
12時25分	「水色」採餌。
12時30分	「桃」続けて2匹採餌。
12時48分	「黄＊」採餌。

12時50分　　　「黄緑＊」採餌。
12時54分　　　「黄緑＊」低い木まで飛ぶ。
13時20分　　　「橙＊」少し飛ぶ。
13時21分　　　「水色」採餌。
13時27分　　　「黄緑＊」飛ぶ（羽が乾くまで1時間39分）。
13時35分　　　「青」採餌。
13時48分　　　「青」採餌。
13時49分　　　「橙＊」飛ぶ（羽が乾くまで1時間46分）。
13時56分　　　「桃」採餌。
13時57分　　　「青」採餌。

　このように、観察記録の一部を見るだけでも、自然教育園産の雛3羽は、飛行・採餌・水浴びなど活発に行動しているのに対し、八王子産の雛3羽は、水の中に入ると1〜2時間羽が乾かず、物かげに身を隠す行動が多いことがわかります（**図6.9**、**口絵B19**）。羽が乾いている時は問題なく飛行できるのですが、採餌や水浴びをするたびに飛べなくなるため、採餌の機会はきわめて少なくなってしまいます。しかし、自然教育園産の雛に刺激されてか、餌場に飛来するなど積極的な行動も見られました。

　翌28日も同様な観察を行ないましたが、自然教育園産の雛は前日同様活発に行動していました。八王子産雛も浅い水槽から餌を捕るようになり、採餌量は前日に比べ増加しています。しかし、水浴び後は相変わらず羽の乾きが遅く、「橙＊」は1時間28分、「黄緑＊」は1時間33分、「黄＊」は1時間52分もかかっていました。

図6.9　びしょ濡れになった雛　水浴びや水槽から餌を捕る時、全身がびしょ濡れになり、2時間くらい羽が乾かない。この原因は油脂腺が未発達のためと考えられた。

合同飼育は7月27日から7月29日までの3日間で終了し、7月30日早朝自然教育園産雛3羽は、水生植物園内に放鳥しました。

◎インセクタリウムでの単独飼育

八王子産の雛3羽のインセクタリウムでの単独飼育は、7月30日より9月1日までの34日間行ないました。次はその記録の一部です。

インセクタリウム内での八王子産雛の単独飼育

7月30日　11時30分「黄緑＊」採餌。
　　　　　11時41分「黄＊」採餌。
　　　　　11時45分「黄緑＊」水浴び後飛べず。
　　　　　12時09分「黄緑＊」飛ぶ（羽が乾くまで24分）。
　　　　　12時10分「黄＊」、「橙＊」採餌。
　　　　　12時14分「黄緑＊」採餌。
　　　　　12時53分「橙＊」採餌。
　　　　　12時57分「橙＊」水浴び後飛べず。
　　　　　13時44分「橙＊」飛ぶ（羽が乾くまで47分）。
　　　　　14時00分「橙＊」採餌。
　　　　　14時45分「橙＊」採餌。
　　　　　15時40分「黄緑＊」採餌。
　　　　　16時25分「黄緑＊」採餌したが「橙＊」に取られる。
　　　　　16時32分「橙＊」採餌。

なお、餌は浅い皿か床にまいたものの採餌が多かった（**図6.10**）。この日の行動は、自然教育園産雛との共同飼育の時に比べ、行動はあまり活発でなく木の枝などに止まっていることが多かった。また、採餌行動を起こすまでの時間や餌を食べ終わるまでの時間も長かった。採餌・水浴びの際、羽が濡れるが、羽が乾くまでの時間は、「黄緑＊」が24分、「橙＊」が47分と以前に比べだいぶ短くなった。

8月1日

3羽とも観察中には水浴びをしていない。床にまいた餌はよく採餌するが、水槽からはあまり採餌しない。また、「橙＊」は水槽から採餌する際、羽は濡れるがすぐ飛べるようになり、木の枝などでさかんに羽づくろいするようになった。

8月5日

3羽とも水浴びはしていない。浅い水槽から餌が飛び出すのを待って採餌する行動がよく見られた。金魚を給餌したが特別に興味を示さなかった。「黄＊」が採餌の時、羽が濡れたが、約20分で乾くようになった。

8月6日

3羽とも水浴びはしていない。「黄緑＊」と「橙＊」は採餌の際、羽が濡れてもすぐ飛べるようになった。「黄＊」は、全身水の中に入るためしばらく飛べない。しかし、羽が乾くまでの時間も17分と短くなってきた。

8月12日

「橙＊」は2回水浴びをしたが、全身水の中に入ってもすぐ飛べるようになった。また、餌を呑み込む時間も以前に比べ速くなってきている。「黄＊」は採餌の際全身濡れるが羽づくろいを活発にするようになり、10分くらいで乾くようになった。「黄緑＊」は水浴びをほとんどしないが、浅い水槽からは上手に採餌できる。

8月17日

水深の浅い水槽からは採餌するが、深い水槽からの採餌はない。「橙＊」は水浴びをしても羽が濡れることはないし、「黄緑＊」は採餌の際羽は濡れるがすぐ乾くようになった。この「橙＊」と「黄緑＊」は、油脂腺からの油の分泌があるものと思われる。しかし、「黄＊」は他の2羽に比べ行動の敏速さや成長の点でやや遅れていると感じられた（記録者：6日間とも、博物館実習生の藤田直子氏）。

その後、9月1日まで2週間にわたり、八王子産の雛の単独飼育を続けましたが、水浴び、採餌の際羽が濡れることもなくなり、次第に水深の深い水槽から

図6.10　いろいろ用意した水槽　浅い皿、深い皿、深い水槽といろいろ用意したが、浅い皿か、皿から飛び出した魚、床にまいた餌しか食べないことが多かった。

も採餌するようになりました。やや課題と不安が残りましたが、9月2日放鳥することにしました。

◎故郷へ放鳥

　八王子産の雛の飼育を引き受けた時は、3羽のうち2羽は八王子市に、1羽は自然教育園内に放鳥したいと考えていました。しかし、山本さんの奥様かつ美さんの「いつか八王子に飛んできてくれたら」という一言を思い出し、生まれ故郷に3羽一緒に帰した方がよいと思うようになり、すべてを八王子市に放鳥することにしました。

　3羽の雛の足環番号と7月15日に測定した体各部の測定値は、**表6.2**の通りです。

　9月2日、八王子市横川町の山本氏宅を訪ねました。巣穴があった赤土面は復旧工事用のシートに覆われ、中を見ることはできませんでしたが、1999年の崖崩れの凄まじさは想像以上でした。近くには、3羽の親鳥が採餌していたと思われる城山川がありました。住宅街を流れる川ですが、よく整備され、カワセミの生息には格好の環境と感じられました（**図6.11**）。

　飼育には長期間苦労しましたが、よくぞここまで来たと感無量でした。何と

表6.2　足環番号と体各部の測定値（茂田良光氏測定）

整理No	足環番号	右左	保護地名	測定日	性別	年齢	カラー	自然翼長	尾長	全長	体重
8	XA-05558	右	八王子	7月15日	♀?	J	黄緑	69.5	30.4	156	30.5
9	XA-05559	右	八王子	7月15日	?	J	橙	67.7	28.0	155	32.1
10	XA-05560	右	八王子	7月15日	?	J	黄	68.8	27.7	148	28.1

図6.11　城山川　住宅街を流れる川だが、カワセミの生息には格好の環境である。

図6.12　八王子での放鳥

か元気に育ってほしいという気持ちで3羽を放鳥しました（**図6.12**、**口絵B20**）。

　半年ほどのち、山階鳥類研究所からの連絡で、2000年9月2日放鳥した3羽のうちの「橙＊」（足環番号XA－05559）が、2001年3月6日、八王子市の城山川周辺で死亡していることがわかりました。悲しい知らせには違いないのですが、よくぞ半年間も生きていたと思うと、ややホッとした気持ちになりました。自分で餌を捕り、天敵から身を守り、厳しい冬を乗り越え、よく頑張ったと思います。

◎自然教育園産と八王子産雛の成長の違い

　2000年の自然教育園でのカワセミの雛の保護飼育期間は、自然教育園産42日間、八王子産52日間、重複して飼育していた日もありましたので通算77日間でした（**表6.3**）。いずれも巣立ち前からの飼育であり、飼育環境や給餌回数・餌の種類などはほぼ同じ条件でした。

　孵化後18日目に保護した自然教育園産の雛は、7月15日にはすべて放鳥できる状態になりましたので、放鳥までの日数は孵化後45日目です。一方、孵化後10日目（推定）に保護された八王子産の雛は、放鳥は9月2日なので、孵化後約76日目ということになります。およそ30日の差ですが、自然教育園産は順調な成長をした状態での放鳥、八王子産は課題を残しての放鳥であるため、実際にはもっと大きな差があったと思われます。

表6.3　保護飼育の日程　6月18日から9月2日の77日間、10羽のカワセミの雛を保護飼育したことになる。

	自然教育園産	八王子産
6.18	保護（7羽） 昼・自然教育園 夜～早朝自宅飼育（7羽）	
28	11日間	保護（5羽） 山本氏宅飼育（5羽）
29	自宅飼育（7羽）　6日間	14日間
7. 5		
	インセクタリウム内飼育 　　　　　（7羽）10日間	7.11　1羽死亡
12		
		7.13　1羽死亡
15	放鳥（4羽） インセクタリウム内飼育	自宅飼育（3羽）　15日間
27	（3羽）15日間	インセクタリウム内合同 飼育（3羽）　　3日間
30	放鳥（3羽）	インセクタリウム内単独飼育 （3羽）　　34日間
9. 2		放鳥（3羽）
77日間	42日間	52日間

◎油が出ない原因

　八王子産の雛の成長が遅かった原因は、背中にある油脂腺の発達が悪く、油が分泌しなかったためでした。なぜ、油脂腺の発達が悪いのか。両者を比べると、初期の段階で餌の量と質に明らかな違いがあったことがわかります。

　まず、量の問題ですが、前述した仁部氏の観察によると、孵化後14～15日目に雛の体重が親鳥の体重を越す時期があり、この時親鳥は雛に多量の給餌をするといいます。自然教育園産の雛は、この時期を過ぎた18日目に保護しましたので、すでに親鳥が十分給餌したあとでした。保護飼育中も、過去に調査した給餌回数などを参考に、十分な量を給餌しています。

　一方、八王子産雛は、孵化後10日目（推定）ですので、親鳥が十分な量を給餌する前の段階で保護されたことになります。その後の飼育でも餌の入手が困難で、量の確保ができなかったと聞いています。

　次に質の問題ですが、自然教育園産の雛には、すべて生きたモツゴやドジョウを与えていましたが、八王子産の雛には、アユやイワナなどが細く切って与えられていました。ふつう自然状態では、親鳥は生きた魚を給餌しますが、生きた魚には頭や骨・内臓なども含まれていて、これらの中には雛の成長には欠かせない成分があると考えられます。

量と質のどちらがより大きな要因になるかは不明ですが、いずれにしても、雛の成長の初期の段階においてこれらが欠けた場合には、正常に成長しないばかりでなく、その後十分に給餌したとしても回復するのに相当な時間がかかり、時には生涯回復しない可能性もあると考えられます。

現に、八王子産を7月12日から15日間自宅で飼育した時、すべて生きた魚をかなりの量給餌していましたが、回復する兆しは見られませんでした。その後インセクタリウムで37日間同様に飼育しましたが、回復の速度は遅く、自然教育園産の雛の成長速度とはかなりの差がありました。

◎保護飼育を終えて ── なぜ雛を拾ってはいけないか

今回、10羽のカワセミの雛の保護飼育を体験しましたが、やはり、人間が野鳥の雛を育てあげるということがいかに大変かがわかりました。決して人にはお勧めすることはできません。

日本鳥類保護連盟や野鳥の会などの「ヒナを拾わないで!!」というキャンペーンの主旨を身をもって知った気持ちです。

保護飼育中、私はこのキャンペーンの主旨を十分理解しつつ、いつも気にかけていました。保護飼育を終えて、あらためてこれらの点を考察してみました。その内容は次の通りです。

① 「親鳥の存在」については、救出後、約20日間観察を続けていましたが、親鳥は確認されませんでした。2000年6月17日以降失踪したことは明らかでした。

② 「飛び方や身を守る術」については、当初不安もありましたが、雛が7羽もいますと、リーダー格がいて見本を示したり、カワセミ自身が本能で行動していることもしばしば見られました。また、八王子産の「橙＊」が半年間生存していたという事実によって、この不安も少し解消されました。

③ 「野生に戻れなくなること」については、保護飼育中に人に慣れることはありませんでした。前述の八王子産の「橙＊」の半年間生存によって、保護飼育された雛がある程度は野生化したことが証明されたと思います。

④ 「餌の確保」については、自然教育園という環境があったため、努力すればクリアーできる問題だと思っていました。

⑤ 「他の動物の餌になるのが自然の掟」については、人によって議論の分かれるところですが、これは、人間の考え方、置かれた立場、過去の経験

をふまえ判断するものだと思います。私の場合には、雛の救出という手段の方を選択したのです。
⑥ 「法律での禁止」については、正式な手続きを取り、許可を得たので問題はなかったと思われます。

このように、いろいろな問題点はありましたが、私なりに努力して、かなりの部分はクリアーできたと思っています。

◎保護飼育の条件
約80日間にも及ぶ保護飼育を振り返りますと、次の四つの条件が備わっていることが必要と思われます。

（1）ある程度カワセミの生態について知識・経験があること

自然教育園では、8年間にわたりカワセミを調査し、その生態がある程度わかっていたこと、特に1994年第1回目の育雛期に餌の回数や給餌時刻などを調査し、餌に関する詳しいデータのあったことは、保護飼育する上で非常に役立ったと思います。

（2）生きた餌が確保できたこと

自然教育園では、豊かな環境に恵まれ、餌となる魚類が十分確保できたことが大きい要因です。近くの魚屋からドジョウが常に購入できたことも幸いしていました。

（3）飼育環境が整っていたこと

自宅での飼育が可能だったこと、インセクタリウムという半自然の最終訓練所があったことも幸運でした。

（4）毎日世話ができること

これが最も大切な条件と思われます。毎日、親鳥同様、早朝4時30分から夕方19時頃まで、休むことなく給餌しなければならないのです。私の場合は、勤務時間中も時間外もカワセミの飼育に没頭できる職場環境に恵まれていました。

◎感謝と敬意
生き物を飼うことのむずかしさや大変さは、人慣れしたペットのレベルでも、時として感じられることかもしれません。いわんや、野生動物は、です。カワセミの雛を飼育することの大変さは、当初から覚悟はしていましたが、まさか、

第6章　八王子からのSOS

これほどとは思いませんでした。とても貴重な経験をすることができましたが、これはひとえに、自然教育園の職員の皆様や妻佑子のおかげです。

　しかしそれ以上に、八王子の雛を保護してくださった山本氏に大きな感謝を捧げなければなりません。鳥類に関してまったく専門知識を持たない方が、孵化10日目（推定）の雛を14日間も飼育されたことは、大変な勇気と努力が要ります。氏には心から敬意を表する次第です。

第7章　不気味な黒い影
―外来魚の密放流―

第7章 不気味な黒い影 ―外来魚の密放流―

◎カワセミの餌が全滅！

　これまでにも3年間、5年間とカワセミの繁殖がなかったことがありましたが、今回はちょっと事情が違います。

　最初に異変に気づいたのは、2000年のカワセミの繁殖時にザリガニの給餌が激減したことがきっかけです。はじめは、園内の池でウシガエルが増殖し、このウシガエルがザリガニを捕食しているのではないかと考えていました。

　しかし、やはりおかしい。自然教育園では、これまでにもウシガエルが池で大量繁殖したことはありますが、ザリガニを完全に食いつくすほどの害は及ぼさないからです。

　その年の6月下旬から、私はカワセミの保護飼育のために餌を捕りに池に通っていました。7月のある日、いつものように箱網を使ってモツゴを捕っていると、モツゴではない体長3〜4cmの魚が引っかかりました。以前ひょうたん池に生息していたミヤコタナゴに体形が似ていますが、よく見るとミヤコタナゴではありません。

　詳しく調べてみると、なんと外来魚のブルーギルでした（**図7.1**）。

　さあ大変！　この外来魚を少しでも駆除しなければなりません。それからは職員総出で、機会あるごとに釣りや箱網、四つ手網を使ってブルーギルを駆除することにしました。しかし、こんな仕掛けで駆除できる量はたかがしれていて、毎回数匹捕まる程度でした（**図7.2**）。

　翌2001年には、追い打ちをかけるようなショックに襲われました。6月1日、水生植物園の池で体長30cmくらいのブラックバスを目撃したという情報が、入

図7.1　ブルーギル　モツゴを捕っている時に引っかかった外来魚。

図7.2　釣りでの捕獲
入園者の帰った園内で釣りによる駆除を試みたが、駆除できる数はほんのわずかである。

園者から寄せられたのです。

　どうやら、園内の水生植物園にブルーギル・ブラックバスの2種類が違法に密放流されたようです。これらどん欲な外来魚は、カワセミの主な餌であるモツゴ・メダカ・ヨシノボリ・ザリガニ・スジエビなどを、ことごとく食いつくしてしまいます。水生植物園の池の魚類調査を行なうと、すでにモツゴの捕獲数はゼロでした。外来魚がカワセミの餌を食いつくし、ほぼ全滅させてしまったのです。

◎ブルーギル・ブラックバスとは

　ブルーギルとブラックバスは、ともに北アメリカ原産の淡水魚です。ブルーギルは、体長10〜40cmになり、雑食性で他の魚の卵を食べます。一方、ブラックバス（正式名称はオオクチバス）は、体長40〜70cmにもなり、魚食性ですが、昆虫・甲殻類など動くものは何でも食べるという在来の魚類にはない習性を持っています。

　どちらも釣りの対象となる魚ですが、特にバスは、日本ではバス釣り人口約300万人といわれるほど人気があるため、これらの魚は釣りが目的で各地の池や湖に放流されました。天敵の少ない外来魚は、当初の目算をはるかに越える異常な速度で繁殖しつづけ、全国各地で深刻な問題が起きています。

　それは、在来の水生動物が壊滅状態になったり、漁業が成り立たなくなったり、トンボをはじめとする水生昆虫が急激に減少したり、カイツブリの餌がなくなり繁殖地が激減した、といったことです。

第7章　不気味な黒い影　—外来魚の密放流—

◎ギル・バス捕獲作戦

　こんな状態ではカワセミの繁殖は期待できませんし、これまでのように網などによる捕獲では埒があきません。大量捕獲するには、やはり、池の水を抜く"掻い掘り"しかありません。梅雨の時期を逃すと池の水の回復が困難になることなどから、2001年6月27日、急遽「ブルーギル・ブラックバス捕獲作戦」を実施することにしました。

　当日は専門の業者にも依頼し、職員総出で、モツゴ・メダカなどの在来種の保護と、ブルーギル・ブラックバスの駆除を目標に作業を開始しました（図7.3）。

　池を掻い掘りしてみると、メダカ・モツゴ・ヨシノボリなどは以前ほどの数

図7.3　ギル・バス捕獲作戦　水生植物園の池を掻い掘りし、大量のブルーギル・ブラックバスを捕獲した。しかし……。

図7.4　捕獲された体長38cmのブラックバス　こんな大きな魚、大きな口では在来の魚・スジエビなどを相当捕食したと思われる。

はいませんでしたが、それでもまだ健在で、捕獲された魚類はとりあえず他の池に移動しました。

　ブルーギルは、体長2〜20cmまでのいろいろな成長段階の稚魚・成魚あわせて、なんと約2000匹、ブラックバスは、体長35cm・38cmの成魚2匹と約3cmの稚魚を約500〜600匹捕獲しました（**図7.4**）。捕獲した魚から推測すると、ブルーギルは2〜3年前に密放流され園内で数回繁殖、ブラックバスは前年に密放流されこの年に繁殖したと考えられます。密放流は、時としてブルーギルとブラックバスの2種類をセットにして行なわれるといわれていますが、おそらく今回の密放流は、同一人物による仕業と考えられます。

◎しぶとい生命力

　この掻い掘りでほとんどが捕獲されたと思っていましたが、わずかに残された池の中の水たまりに稚魚が生き延びていたのでしょう。翌2002年の春には、体長20cmほどに成長したブラックバスが、群をなして水生植物園の池の中を泳ぎまわっているのです。さらに、これらのブラックバスが1年で繁殖したのでしょうか、初夏にはブラックバスらしき稚魚が、数百匹あるいは数千匹群れをなして泳いでいました。しぶとい生命力に、職員一同はがっかりするとともに、ただただ呆れてしまいました。

　水生植物園の水の落ち口に小さな水たまりがありますが、大雨が降ると流されてきた魚が、この水たまりに留まることがあります。これまでに何回か大雨があり、その度に網で魚を捕獲していましたが、毎回大小のブルーギル・ブ

図7.5　小さな水たまりで捕獲された"外来魚"
捕獲作戦の時、生き残ったギル・バスは、その後も繁殖を続けた。

ラックバスが数十匹単位で捕獲されました（**図7.5**）。この小さな水たまりでさえ数十匹捕獲できるのですから、広い水生植物園の池には、いまだ数百、いや数千の外来魚がいると想像されます。

完全に駆除するためには、掻い掘りでは不十分で、土砂を30cmくらい浚渫し、4～5日間干す必要があります。しかし、この方法では在来の生物に致命的な影響を及ぼす恐れがありますし、自然教育園内にある四つの池すべての浚渫を行なうと、莫大な費用もかかります。

◎池の浚渫

しかし、それでも何とかしなければなりません。2004年、ついに浚渫工事を行なうことに決定しました。

ブルーギル・ブラックバスが放流されたのは水生植物園の池ですが、この他、自然教育園には、水鳥の沼・いもりの池・ひょうたん池もあります。これらの池は、1980年代半ばに浚渫工事をしていますが、工事後すでに20年が経っており、土砂や落ち葉などが堆積し、水深が浅くなっていますので、そろそろ、工事をしなければいけない時期になっていました。これらの池のギル・バスの駆除を兼ねて、上流部の水鳥の沼、いもりの池、ひょうたん池の順に浚渫工事を行なうことにしました。

幸い、水鳥の沼にギル・バスは生息していませんでした。在来種は、モツゴ5503匹、エビ3211匹などがいました。

いもりの池は、こちらは掻い掘りにとどめました。同じく、ギル・バスは生息せず、在来種のメダカ174匹、モツゴ628匹、エビ1223匹など多数生息してい

表7.1 確認した在来種と外来種の個体数 外来種のいなかった水鳥の沼・いもりの池では、在来種は健在であった。

場所・年	生物名	在来種			外来種			
		メダカ	モツゴ	エビ類	ブルーギル	オオクチバス	ザリガニ	ウシガエル
水生植物園	2001	—	—	—	約2000	成2, 稚約600	—	成2
(含水生落ち口)	2002	—	—	—	293	1362	—	—
	2003	—	—	—	485	227	—	—
	2004	183	9598	715	2014	1	4242	成61, 幼1829
	2005	842	138	57	0	0	5886	成3, 幼312
水鳥の沼	2004	0	5503	3211	0	0	540	成1
いもりの池	2004	174	628	1223	0	0	382	0
ひょうたん池	2004	256	14	0	0	1	579	成2
裏門水路	2004	0	0	0	6	0	81	0
合計		1455	15881	5206	約4798	約2193	11710	成69, 幼2141

ました。

　ひょうたん池にはブラックバスが1匹（体長33cm）いたため、モツゴは大きな個体が14匹、浅瀬で生活するメダカは256匹生存していましたが、エビはゼロでした。

　三つの池の浚渫・掻い掘りからわかったことは、ギル・バスがいない場合には在来種が多数生息していましたが、外来種が1匹でもいる場合には在来種は壊滅的な影響を受けるということです（**表7.1**）。

◎外来魚の根絶

　いよいよ本命の水生植物園の浚渫工事です。こちらは、当初は2005年春に行なう予定でしたが、2004年の夏は真夏日が70日間もあったほどの酷暑でしたので、池の水がほとんど干上がってしまいました（**図7.6**）。これは、水中の生き物にとってはピンチですが、外来魚駆除の絶好のチャンスでもあります。これまでの努力の成果あってか、ギル・バスは徐々に減少していると思われました。

　2004年8月19日と20日、わずかに残っていた池の水を掻い掘りしました。残っていた外来種は体長41cmのブラックバスで、これは、過去の調査を含めても最大の個体でした。ブルーギルは、体長6～12cmの比較的小型の成魚・未成魚が39匹、体長1～2cmの稚魚が1975匹いました。

　在来種は、モツゴ9598匹（うち死亡個体1942匹）、メダカ183匹、エビ715匹（うち死亡個体16匹）が確認されました。このほかにも、池の中には種名を特定できない魚類やエビの死亡個体が多数いましたので、実際にはこの数以上の

図7.6　干上がった水生植物園の池　2004年夏の酷暑で池の水が干上がった。

第7章 不気味な黒い影 —外来魚の密放流—

図7.7 水生植物園の池の浚渫工事 この最後の工事で、自然教育園の外来魚が根絶された。

在来種が生息していたことになります。

　水生植物園の池では、2002年頃には在来種の姿はほとんど見かけなくなっていましたが、今回これだけ多数の在来種が生息していたことは、驚きでした。外来種、特に大型の個体の個体数が減少すれば、在来種への捕食圧も減り、予測を超える速さで在来種が回復することがわかりました。

　2005年2月22日～24日、念には念を入れる意味で、水生植物園の浚渫工事を行ないました（**図7.7**）。これで、自然教育園すべての池から外来魚が根絶されたのです。

　2009年現在、自然教育園の池ではブルーギル・ブラックバスは確認されていません。

◎問題多いペット・移入種の放逐

　自然教育園では、これまでにも、ウサギ・ニワトリ・アカミミガメ・ウシガエル・金魚・ヒメダカなどのペットを放逐されたことがしばしばありました。ウサギ・ニワトリなどのように陸上で生活する動物は、職員が追い回せば何とか捕獲することができますが、アカミミガメ・ウシガエルなど水の中で生活する動物は、完全に捕獲することはできません。もっとも、これらの外来種は、在来種を、壊滅的な被害を及ぼすまで捕食することはありません。

　今回のブルーギル・ブラックバスの密放流は、釣りが目的のようですが、自然教育園のように釣り禁止の場所に放流する意図はまったく理解できません。

また、生態系を破壊する文化財保護法にも触れる悪質な犯罪といえます。自然教育園開園以来の大事件といえましょう。

　ところで、カワセミは、ブルーギルやブラックバスを餌として食べればよいのではないかと思うかもしれませんが、ブルーギルは、体が扁平かつ背びれが鋭いので雛の餌としては不適です。ブラックバスは稚魚なら餌となりますが、成魚は大きすぎてこれまた不適です。カワセミの雛の孵化直後は親鳥が小さな魚を給餌しますが、この小魚がブルーギルやブラックバスの格好の餌となり、食い尽くされてしまうので、繁殖は不可能といわざるを得ません。

　このように、ブルーギル・ブラックバスは、在来の魚類・甲殻類・昆虫類に影響を及ぼすだけでなく、それを餌として生活しているカワセミやカイツブリ・サギ類などへも影響を与えます。複雑にからみあった生態系の一部が崩れることにより、どのような影響が出るかまったく予想できません。今後、このようなことが二度と起こらないよう注意を払っていかなければなりません。

第8章　未知の世界の探求

第8章　未知の世界の探求

◎産室内の撮影開始

　1988年からの調査で、野外におけるカワセミの繁殖生態はおおよそ解明することができました。

　私は、これまで巣穴の中は「のぞかない」主義で観察してきましたので、産室内での親鳥の行動、雛の成長や行動はまったくわからない未知の世界でした。

　じつは、2000年に雛を救出する時、この巣穴の中の観察計画が脳裏にひらめいていました。そのため、正面からではなく巣穴上部から雛を救出したのです。救出する際掘った大きな穴を活用すれば、産室内の観察が可能だと考えたからです。

　折しもこの年の12月に、野外観察用の赤外線ランプが新発売され、このランプを使えば、白黒ではありますが、真っ暗な巣穴の中でも撮影可能だということを知りました。赤外線が鳥の体に悪影響を及ぼさないかを数人の鳥類研究者に問い合わせたところ、特に影響はないと教えていただきました。

　そこで2001年1月、光・水・ヘビが絶対に入らない密封した装置を作り、その中に監視カメラと赤外線ランプをセットしました（**図8.1**、**図8.2**）。撮影ができるよう産室上部に透明ガラスを置き、産室の最奥にブロックを埋め、それ

図8.1　カメラの収納ボックス　産室の上部から撮影できるよう、カメラがセットされている。

図8.2 監視カメラと赤外線ランプ 上部の黒くて丸いのが赤外線ランプ、下部のものが監視カメラ。

より奥に巣穴を掘らないよう工夫もしました。

　これまで何人かの研究者が、親鳥が不在の時にファイバースコープを使い、巣穴の中を観察していますが、この方法ですと、前方の雛は確認できますが、雛全体の様子を観察することはできませんし、常時観察も困難でした。

　今回の計画では、産室上部から撮影するため雛全体の行動が把握できますし、昼も夜も常時撮影できます。カワセミへの直接的影響もきわめて少ないと思われます。

　なお、繁殖地内にはこれまで繁殖に使用された巣穴が3個ありますが、今回は、カメラの設置してある巣穴を使用しないとまったく意味がありません。そこで、カワセミを誘導するためその巣穴の前に止まり木を設置し、他の2個の

図8.3 繁殖地近景 右側屋根の下にカメラなどが設置されている。光・水・ヘビが入らないように密封されている。

第8章　未知の世界の探求

巣穴は、使用できないよう入口付近を赤土でふさいでしまいました（**図8.3**）。

また、これまでの企画展「カワセミの子育て —生中継—」では、止まり木と巣穴入口だけの映像でしたが、今回の新企画では、テレビ画面の4分の3が巣穴奥の産室、残り4分の1が止まり木と巣穴の入口を映すようにしました。入園者は、親が餌を運んできた映像と産室内の雛の映像が同時に見られるように

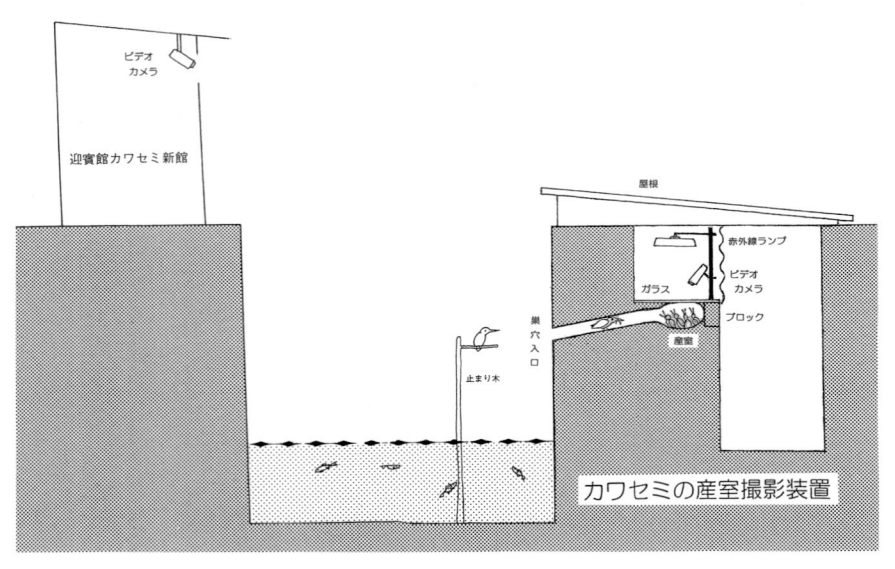

図8.4　撮影装置の配置図（原図作成：桑原香弥美）　左（新館）からは止まり木と巣穴入口、右は上部から産室を撮影している。

図8.5　生中継用の親画面　「カワセミの子育て生中継」では、画面の4分の3が産室、残りの4分の1が従来の画面と、内部・外部の映像が同時に見られるようになる。

なったのです（**図8.4、図8.5**）。

◎解明したい謎

　産室内の観察の目的は、これまでわからなかった親鳥の行動、雛の成長や行動などの謎の解明です。

　造巣期に、オスはどのように土を掘り、運び出すのか。メスは、造巣期後半に産室でどのような最後の仕上げ作業を行なっているのか。

　求愛給餌期の初期、オスはメスに巣穴の存在をアピールするため、巣穴への出入りを数十回繰り返すが、その時巣穴内部ではどのような行動をとるのか。

　産卵期、メスは毎日1個産卵するといわれているが、それは事実か。また、すべての卵を生み終えてから抱卵に入るといわれているが、私の調査では産卵中にも抱卵が確認されている。その真偽は。抱卵中の親鳥の行動はどのようなものか。

　育雛期、雛は1日で孵化するのか。一斉でない場合、何日ぐらいかかるのか。雛の成長や羽毛の生え方などの様子はどうか。雛は、餌をもらう時にグルグルと回ること、入口に向けて糞をすることなどが、これまで保護飼育中に観察されている。この行動は自然状態でも見られるか。巣立ち前、雛はどのような行動をとるのか。

　以上、解明したい謎はたくさんありますが、このほかにも、産室の中には外部からでは想像もつかない新しい発見があるかもしれません。

◎空白の7年間

　2001年1月1日から2007年12月31日までの7年間、観察日数は約2520日、時間にすると約35709時間にもなります（**図8.6.1～図8.6.7**）。

　巣外の止まり木と巣穴入口を撮影したビデオは、早朝4時30分または5時に開始、夕方19時に終了していましたので、カワセミの行動時間帯はほぼ完全に記録したと思われます。また、産室内を撮影したビデオは、2001年～2004年の繁殖期前後に24時間連続撮影しましたが、産室内でのカワセミの姿は残念ながら一度も撮影されませんでした。

　一般にカワセミが繁殖する条件としては、3月中～下旬頃に繁殖地にオスが飛来してくることです。

　この7年間に、2004年と2007年にはオスが3月中～下旬に繁殖地に飛来して、

第8章　未知の世界の探求

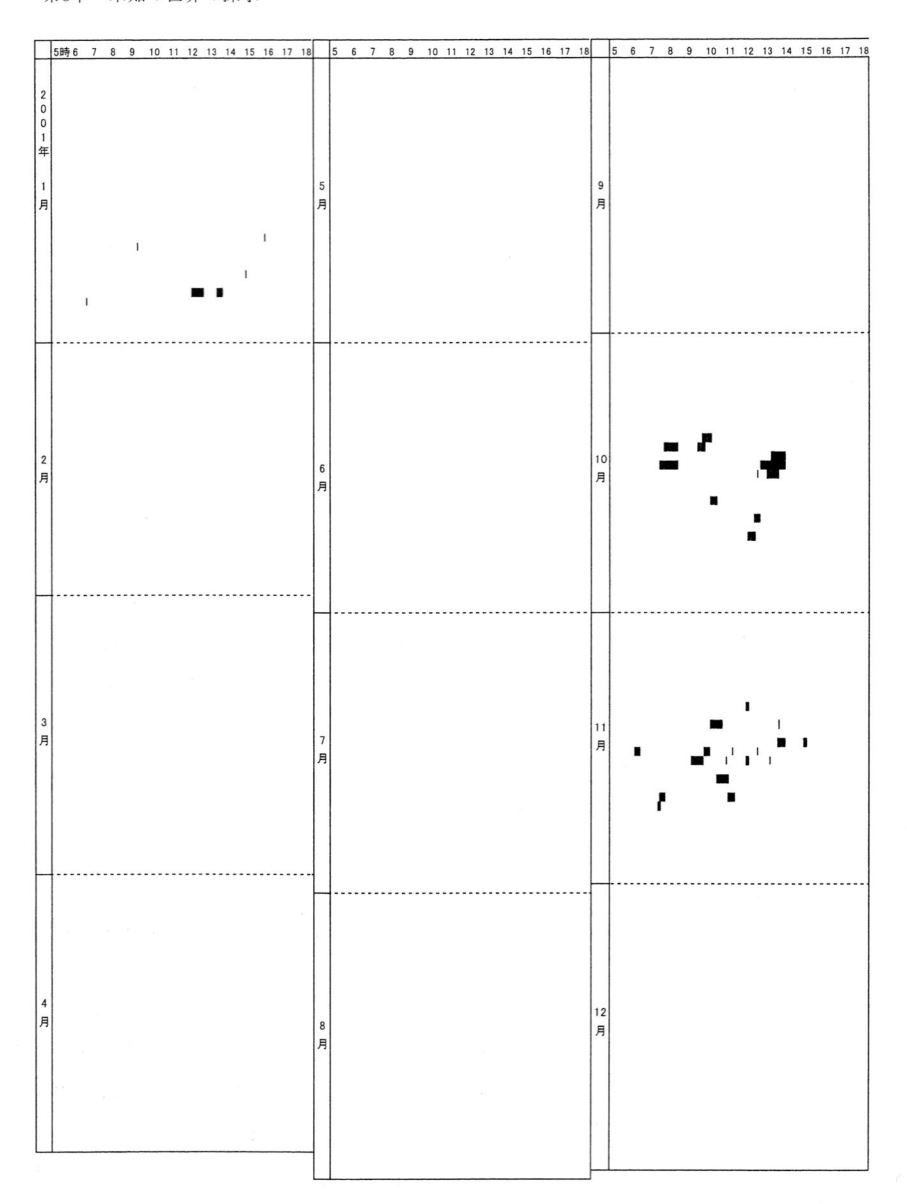

図8.6.1　カワセミの繁殖地への飛来観察記録（2001年）　黒い部分が繁殖地にカワセミが滞在していた時間帯（以下、図8.6.7まで同様）。1月下旬、10月中旬、11月中旬の年3回、幼鳥と思われるカワセミが飛来し、繁殖地下の池でモツゴなどを採餌。繁殖はなかった。

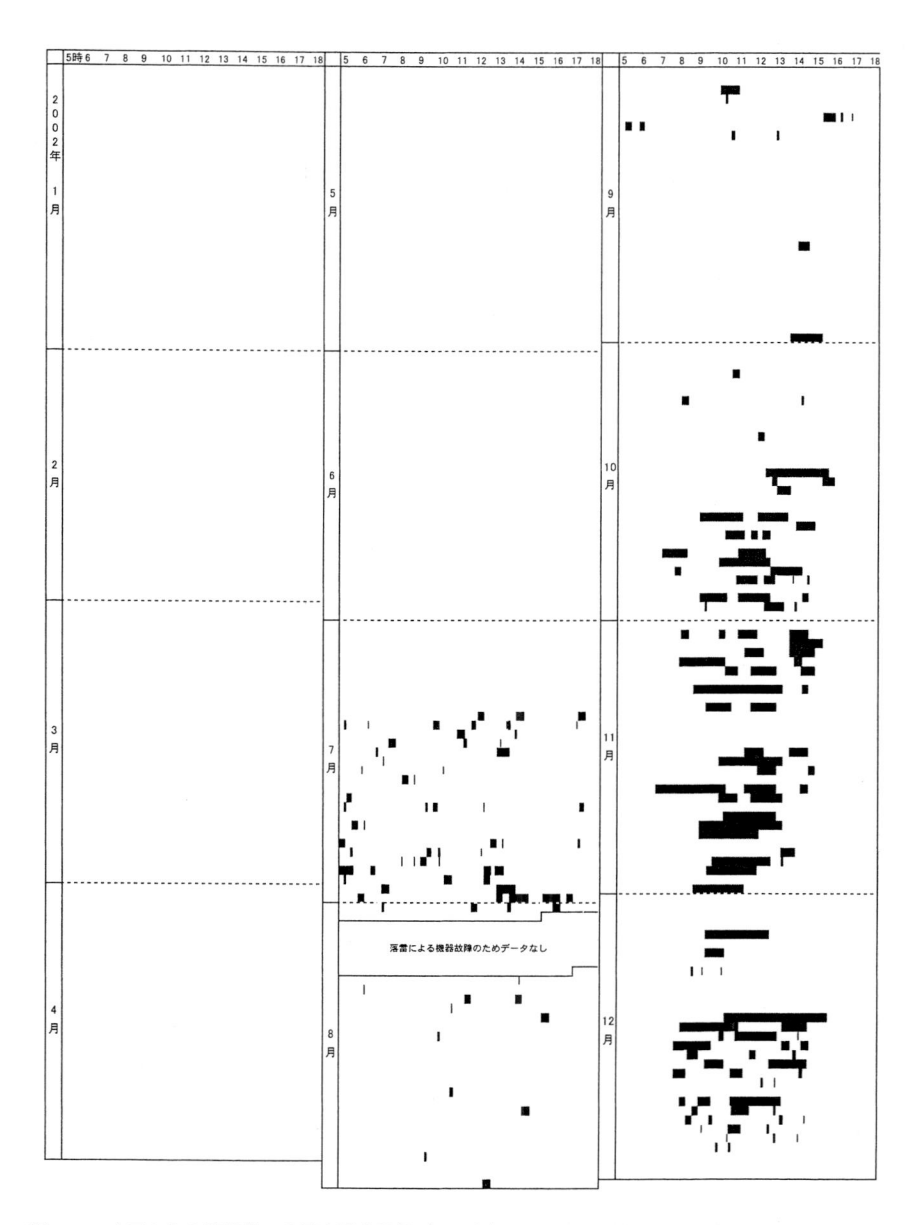

図8.6.2 カワセミの繁殖地への飛来観察記録（2002年） 1月から6月までカワセミの飛来なし。7月に成鳥と幼鳥が飛来。9月下旬よりオスの成鳥が飛来し、約3ヵ月間繁殖地下の池を餌場として利用。繁殖はなかった。

第8章　未知の世界の探求

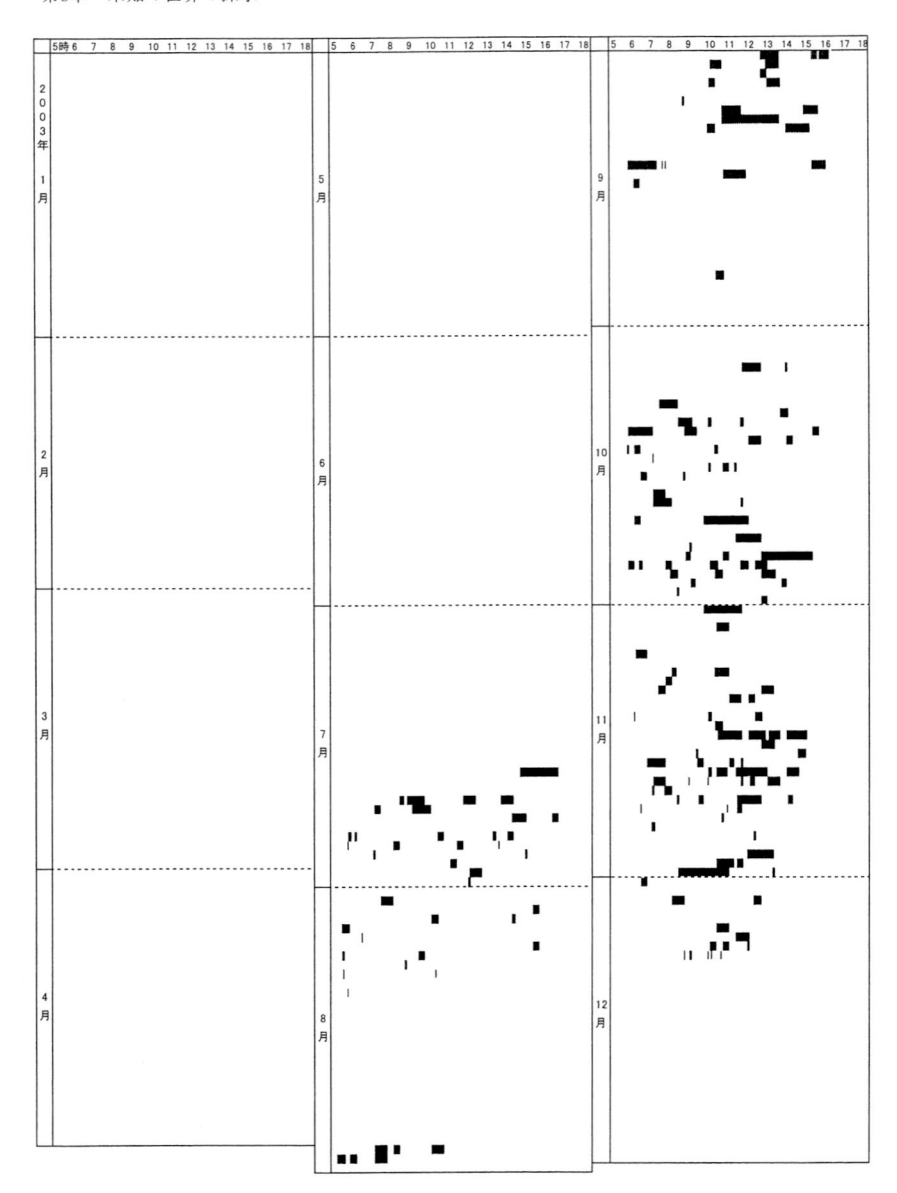

図8.6.3　カワセミの繁殖地への飛来観察記録（2003年）　1月から6月までカワセミの飛来なし。7月中旬より12月上旬まで幼鳥が断続的に飛来し、繁殖地下の池を餌場として利用。繁殖はなかった。

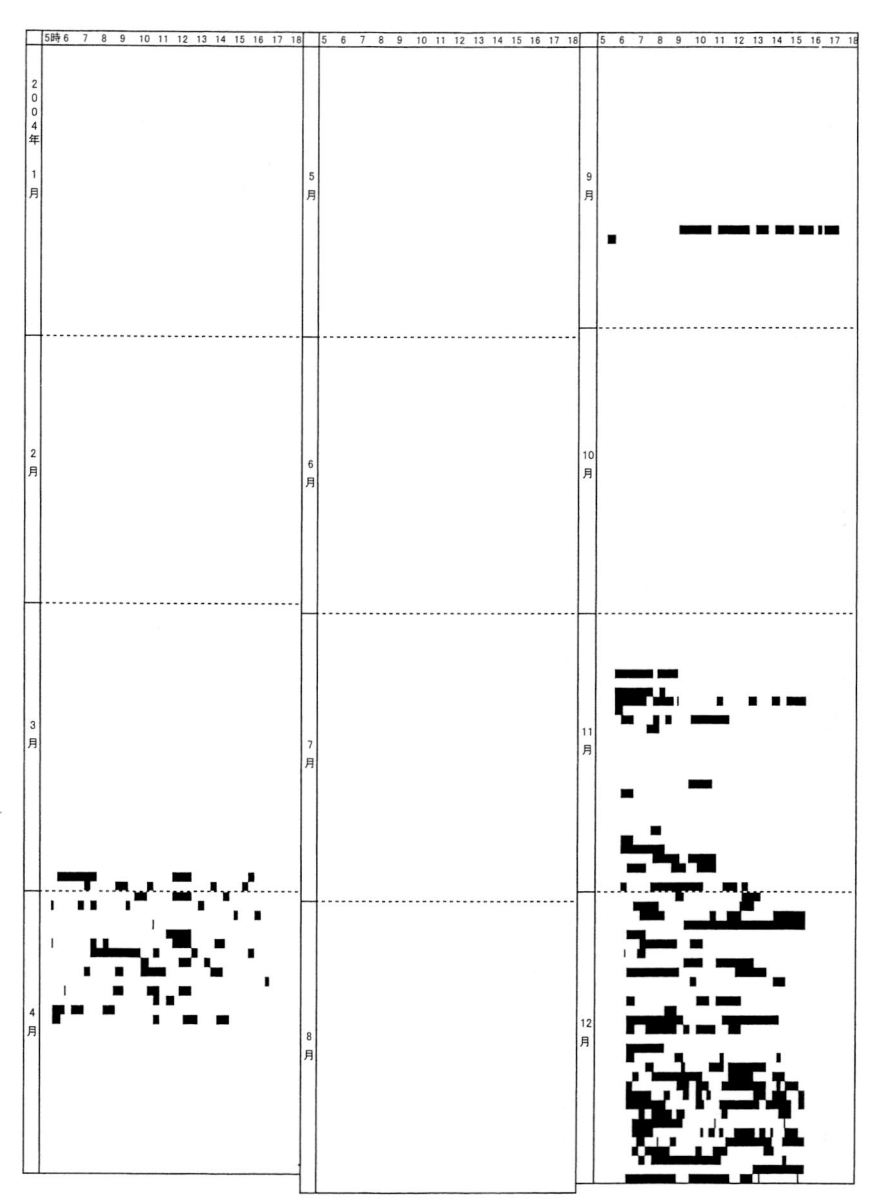

図8.6.4　カワセミの繁殖地への飛来観察記録（2004年）　3月末、右足に足環をつけたオスの成鳥が飛来。巣穴に入ったが産室まで至らず。別の巣穴を掘ったが4月中旬に放棄。11月上旬、幼鳥が飛来し繁殖地下の池を餌場として利用。繁殖はなかった。

第8章　未知の世界の探求

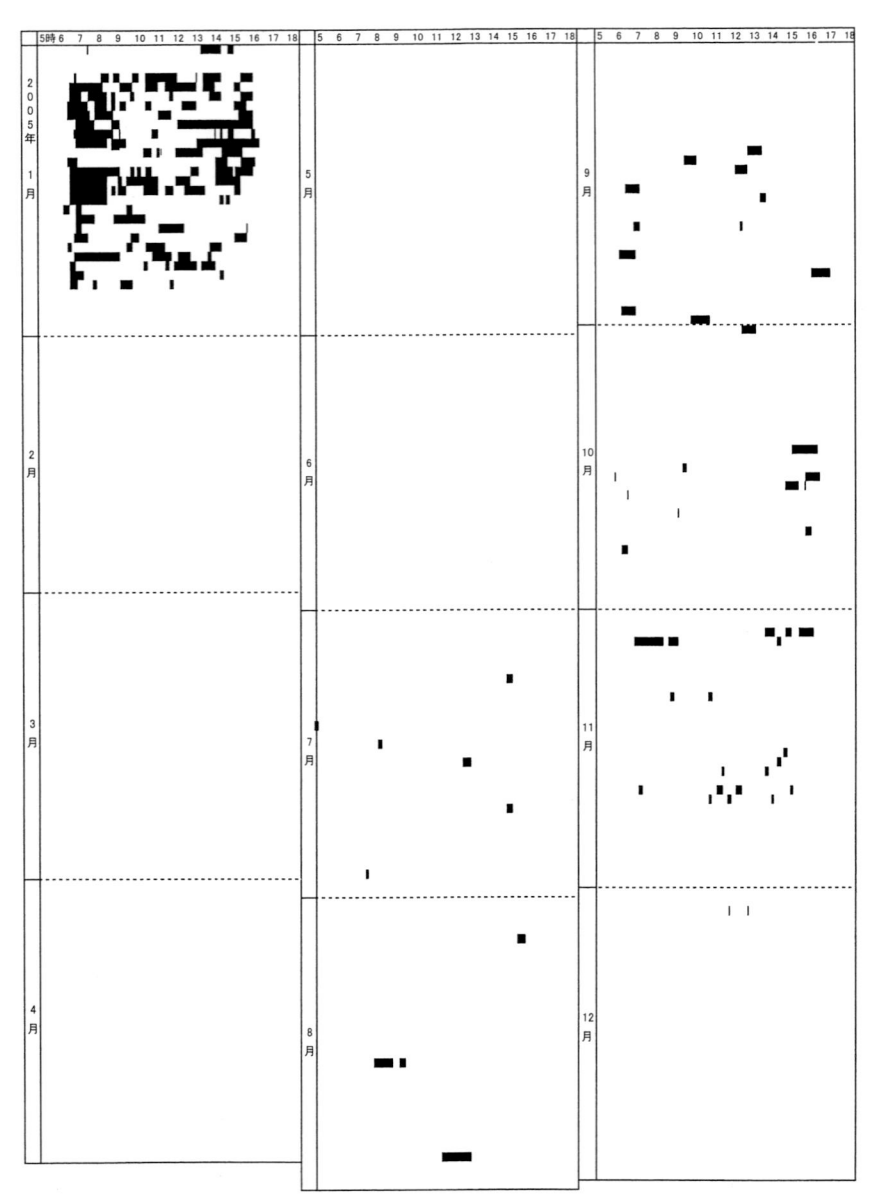

図8.6.5　カワセミの繁殖地への飛来観察記録（2005年）　前年と同じ幼鳥が1月下旬まで飛来し餌場として利用。7月から11月まで幼鳥が断続的に飛来し、繁殖地下の池を餌場として利用。繁殖はなかった。

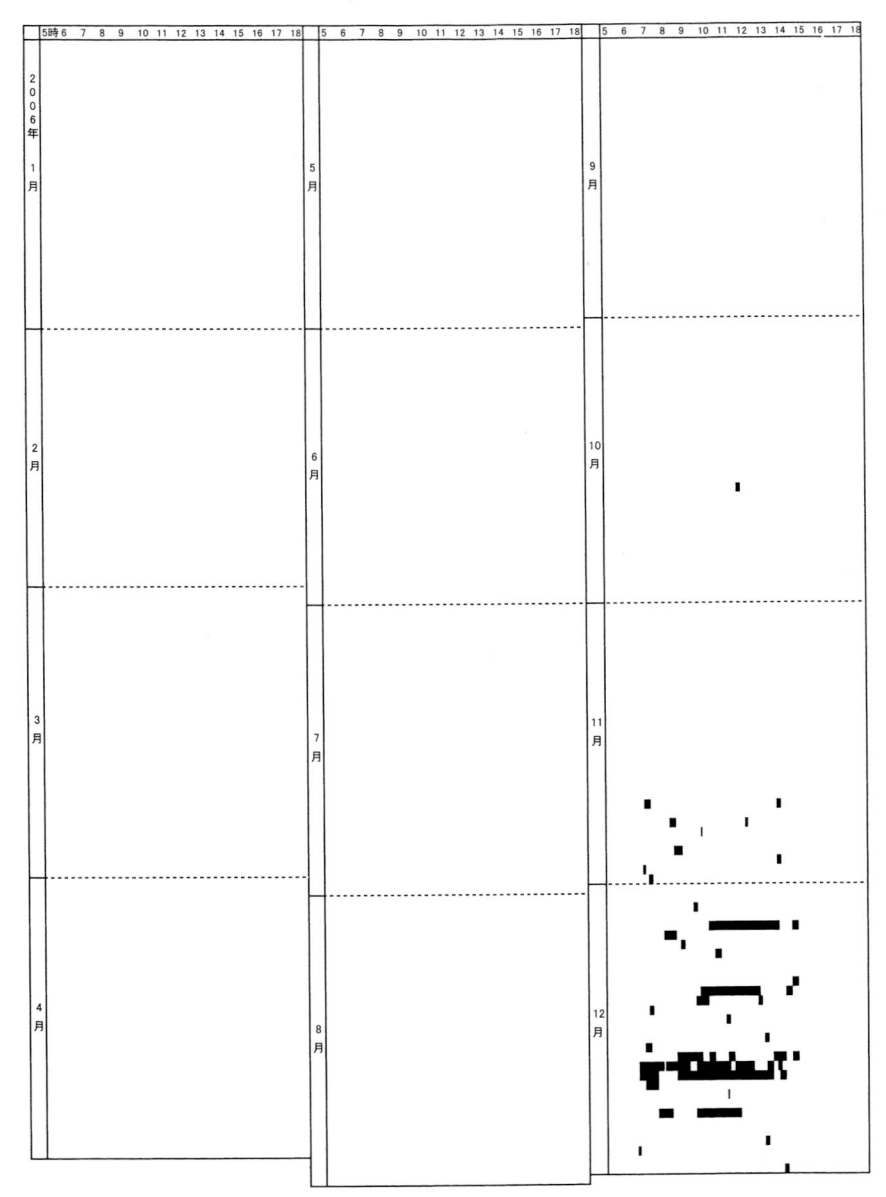

図8.6.6 カワセミの繁殖地への飛来観察記録（2006年）　10月16日、この年初飛来、わずか6分で飛去。
11月下旬から幼鳥が飛来し、連日のように繁殖地下の池でモツゴ（大）を採餌。繁殖はなかった。

第8章　未知の世界の探求

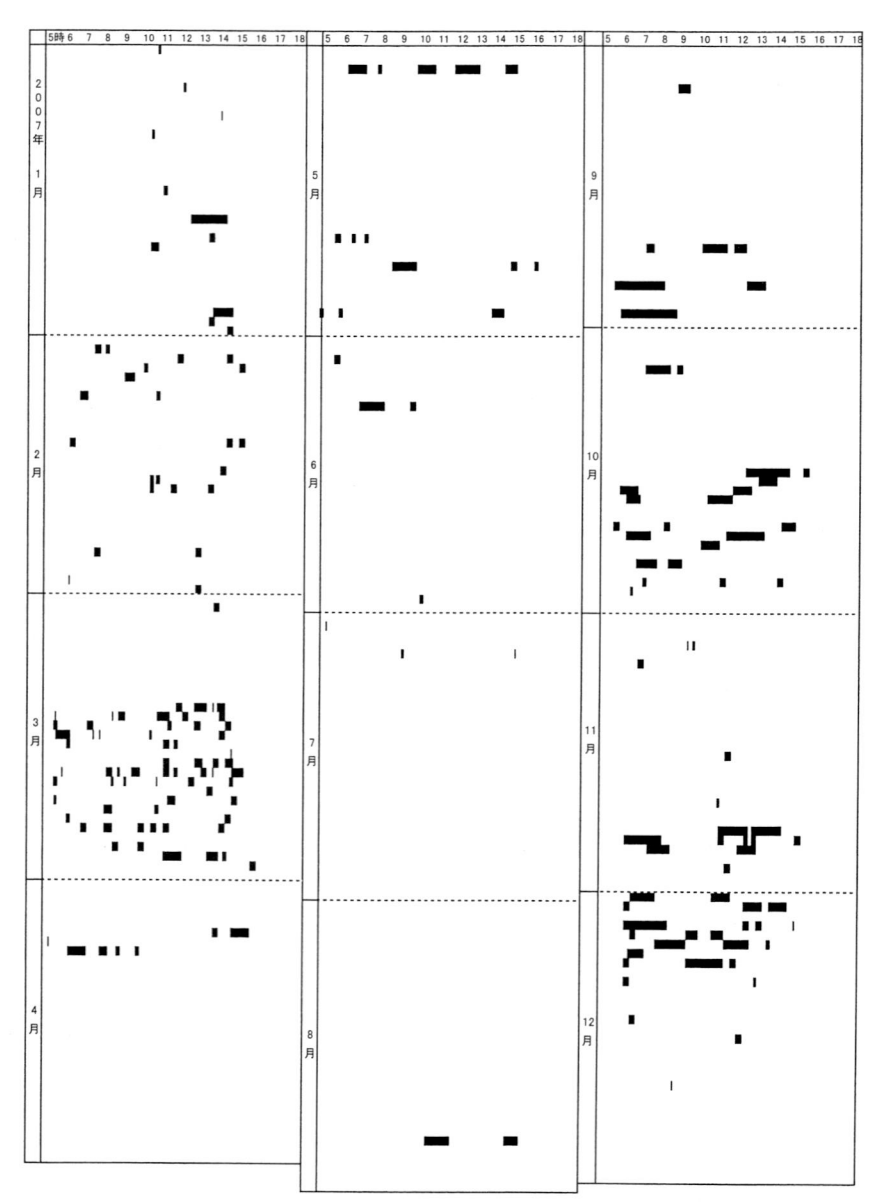

図8.6.7　カワセミの繁殖地への飛来観察記録（2007）　前年と同じ幼鳥が3月上旬まで断続的に飛来。3月13日、オス・メスの成鳥が飛来し巣穴に入ったが、産室まで至らず。別に二つの巣穴を掘ったが3月下旬に飛去。この年は年間を通して飛来。繁殖はなかった。

巣穴には入りましたが、撮影装置を警戒してか繁殖までには至りませんでした。他の年の2001年、2002年、2003年、2005年、2006年の5年は、繁殖期にカワセミが飛来してきませんでしたので、当然繁殖はありませんでした。

　第7章でも取り上げましたが、自然教育園では2000年頃からブルーギル・ブラックバスの2種の外来魚が密放流され、カワセミの主な餌場である水生植物園の池のモツゴなどの餌が壊滅状態になっていました。2001年の6月に水生植物園の池の掻い掘りをし、外来種の駆除と在来種の保護をしたため、一時池には魚類がいなくなり、カワセミもやってきませんでした。

　また、2004年5月からは、水鳥の沼の浚渫、いもりの池の掻い掘り、ひょうたん池の浚渫と大規模な工事が続き、さらには8月に記録的な猛暑が続き、水生植物園の池が干上がるという事態まで起きてしまいました。しかし、この機会を利用して、外来魚を完全に駆除することもできました。そして2005年2月末に、念には念を入れる意味で水生植物園の池の浚渫を行ない、すべての工事が終了しました。あしかけ5年かかったことになります。

　保護した在来種のモツゴ・メダカ・スジエビなどは、水槽やカワセミ繁殖地下の池に放流し、増殖を図りましたが、この魚類を目当てにカワセミが餌場として利用していたようです。特に2005年秋に飛来したカワセミの幼鳥は、大きなモツゴを中心に採餌し、せっかくモツゴ増殖計画を立てていただけに困惑させられる出来事でした。

　その後、これらのモツゴ・メダカ・スジエビなどを池に放流したところ、2007年には驚異的な回復が見られ、繁殖地にもカワセミが頻繁に飛来するようになりました。餌が豊富であればカワセミが年間を通して飛来する証明にもなったのです。

◎ガラスが光る

　前述のように、2001年から2007年までの7年間は、カワセミは1回も繁殖しませんでした。しかし、2004年と2007年は繁殖期にオスが飛来し、他の年には見られない行動がありました。

　両年ともオスが巣穴の中に入りましたが、尻の方から出てきました。ということは、一番奥の広い産室まではいかず、トンネルの途中で引き返したことになります。

　2004年の時には、赤外線ランプ、監視カメラともに作動していましたので、

やはり鳥は赤外線ランプの光を警戒したと思いましたが、あまり深く追求しませんでした。このことが今でも悔やまれます。

　2007年の時には、装置内が多湿のため、赤外線ランプは切れ、監視カメラは作動していませんでした。ということは、カワセミは赤外線ランプを警戒したのではなく、別に原因がありそうです。いろいろ考えた結果、産室上部に置かれたガラスではないかと推測しました。

　産室は、入口から約70cm奥にあるとはいえ、入口からわずかな光が差し込みます。15〜20度傾斜しているトンネルをまっすぐ進むと、カワセミの目にはガラスが光るのだと思われます。

　2008年、1月9日から時々飛来していた成鳥のオスが、3月9日突然巣穴に興味を示しはじめました。しかし、同年3月31日は、私が38年間勤めていた自然教育園を退職する日だったのです。これはまずいタイミングになったと内心思いましたが、8年間も待った千載一遇のチャンスを逃すわけにはいきません。

　そこで、光らないガラスを求め、東急ハンズ新宿店に行きました。店員の方から、光らないガラスはあると教えてもらいましたが、大きなガラスを切断して使うということで、ガラス1枚分の金額を前払いしました。しかし、4〜5日後にいただいた連絡で、このガラスは絵画に密着させて使用するものだとわかりました。10cm下の雛にピントを合わせる必要のあるカワセミ調査には、使うことができません。結局返金してもらったのですが、大きなガラスを小さく切断してしまったため、のちの利用価値がなくなり、申し訳ないことをしてしまいました。

　他にガラスを光らなくする方法はないか、またいろいろ考えました。

　そうだ、女性が足にはくパンティーストッキングはどうだろう？　さっそく目黒駅のステーションビル内の婦人用下着売り場で一番薄いパンストを購入し、ガラスにかぶせてみました。しかし、残念ながら透明度が悪く、これも使用することができません（**図**8.7）。

　とにかく時間がありません。繁殖させることが先決です。たとえ撮影はできなくとも、赤土に似た色の茶色のシャツでガラスを覆い、産室の上にふたをすることが最後の手段でした（**図**8.8）。

　ちょうどこの時、ある技術者からガラスに傾斜をつければカワセミの目には光らないのではないかという助言をいただき、角材で図のような装置を作り、セットしました（**図**8.9）。これで準備は完了です。

3月16日夜のことでした。

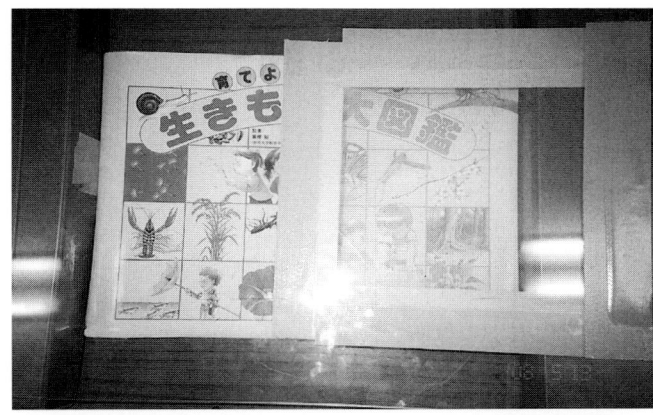

図8.7　パンティーストッキング　ガラスをパンストで覆ったが、透明度が悪かった。

図8.8　茶色のシャツ　撮影はできないが、シャツでガラスを覆い、産室の上にふたをした。

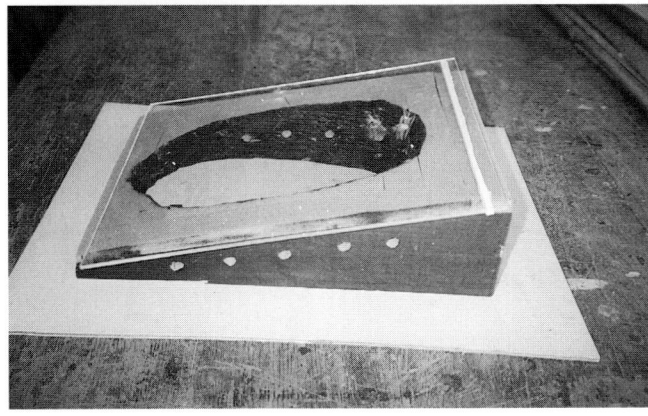

図8.9　角材で作った装置　ガラスの反射防止のため、角度をつけた台の上にガラス板を置いた。

第9章　産室内の雛の行動

◎待ちに待った繁殖

　2008年3月17日、繁殖地にメスが出現しました。オスは、メスに巣穴をアピールしようと激しい出入りを1日中続けました。前日の3月16日の夜にガラスをシャツで覆わなかったら、今回もチャンスを逃してしまうところでした。

　例年ですと、オスが巣作りを一段落させるとメスを呼んでくるのですが、2008年はちょっと違っていました。

　営巣を期待していた「A」の巣穴（産室撮影が準備されている巣穴だが、この時点では赤外線ランプも監視カメラもともに作動していない）で、オス・メスが共同で巣作りを始めました。と同時に、「A」の巣穴の右上40cmと左上40cmくらいのところに、別の巣穴も掘りはじめたのです。おそらく本命は「A」の巣穴で、新しく掘った二つの巣穴は予備の巣穴でしょう。しかし、この巣穴を70～80cm掘り続けると、赤外線ランプや監視カメラを収納したステンレスのボックスに行き当たってしまいます。あまり深く掘ってからでは可哀想なので、3月23日の夜、この巣穴を埋めることにしました。深さはいずれも14cmくらいでした。カワセミたちは、最終的には「A」の巣穴を本格的に掘り、完成を目指していました。

　3月26日から求愛給餌期に入りましたが、2008年のつがい（ペア）は、これまで観察してきたペアとは違い、止まり木をあまり使いません。繁殖地周辺や園内での行動が多かったのでしょうか、交尾行動などは1回も確認することはできず、産卵・抱卵の時期を予測することが困難でした。

　ある程度巣作りが落ち着いたと思われる4月11日の夜、産室内の赤外線ランプと監視カメラの撤収作業を行ないました。赤外線ランプは完全に切れ、監視カメラは水びたしで使いものになりませんでした。湿気の多い装置の中に、7年という長い年月放置されていたためです。

　翌4月12日から抱卵期に入ったことがビデオで確認されました。夜はメスが必ず産室にいますので、前日11日の夜にランプとカメラの撤収作業をしておいて本当によかったと思いました。間一髪のところでした。

　抱卵期は約18日間、夜は必ずメスが産室の中で卵を温めています。また、雛が孵化してからは、昼間はオス・メス交替で頻繁に餌を運んでいますし、夜はメスが10日間くらい雛の保温のため産室にいます。ですから、この間はまったく手を出すことができないのです。

　ついに5月10日、夜メスが産室にいないことをビデオで確認しました。夜の

図9.1　産室内の7羽の雛　7羽が団子のようにかたまっている。産室にはペリットが敷かれ、糞も臭いもない。

メスの保温は9日間で終了したことになります。一応念には念を入れる意味で、11日、12日にもメスがいないことを確認しました。

　5月13日夜、シャツに覆われたガラスを撤去し、透明のガラスに入れ替えました。この時、産室内で団子のように丸くなった7羽の雛を初めて見ました（**図9.1**）。大感激でした。

　本書のカバーの写真からもわかるように、産室内にはペリット（**口絵C2**）で出された小魚の骨・ザリガニの殻が一面に敷かれ、糞も臭いもなく、想像以上に清潔な寝床でした。

◎産室内の撮影に成功

　5月15日、新しい赤外線ランプと監視カメラがようやく調達でき、その夜に産室内にセットしました。展示ホールにある生中継用の大型テレビに初めて産室内のカワセミの雛の映像が映し出され、狭い産室内で成長した7羽の雛が所狭しと動き回っています。

　これまで産室内のビデオに映っていたのは、ゲジ・クモ・アリ、そしてなぜかジムグリの幼蛇だけでしたので、カワセミの姿には感無量でした。8年間

第9章 産室内の雛の行動

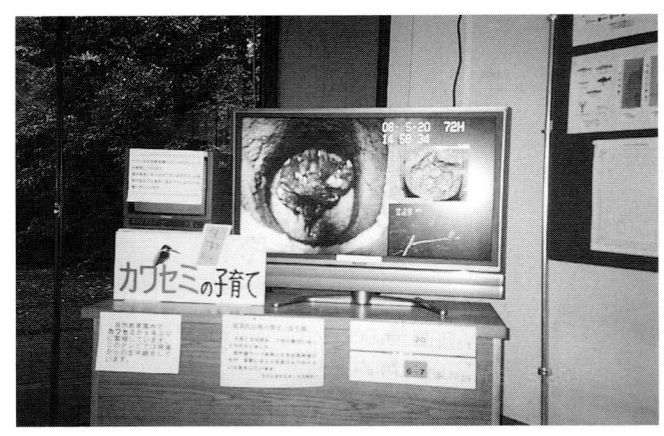

図9.2 結露防止剤による効果 ガラスに結露防止剤を塗ったところ、鮮明な映像が映るようになった。

待った甲斐があったというものです。

しかし、産室内には湿気が多く、ガラスの結露が激しいのです。画面の3分の2はまあまあ映っているものの、残り3分の1は鮮明でなく、すごく気になりました。

翌5月16日にはNHKの取材があり、夕方から夜にかけて全国放送を含め4回もの放映がありました。おそらく大きな反響があり、たくさんの人がカワセミの子育て生中継を見に来られると考えました。ますますガラスの結露が気になってきました。

その夜、今度は東急ハンズ渋谷店に結露しないガラスを探しに行きました（新宿店には、以前光らないガラスの件で大変迷惑をかけたので、つい遠慮してしまったのです）。店員によると、結露しない鏡はあるが、結露しないガラスはないそうです。ただし、結露防止剤を塗れば、ガラスも1ヵ月ぐらいは結露しないということでした。その結露防止剤を購入し、防止剤を塗ったガラスに取り替えたところ、全面に鮮明な映像が映るようになりました（**図9.2**）。大成功です。

その後も雛の成長は順調に進み、産室内の行動も詳しく記録がとれるようになりました。企画展「カワセミの子育て ―生中継―」も多くの方に楽しんでいただくことができました。詳しくは別の項で解説したいと思います。

◎お行儀のよい雛の食事風景

2000年にカワセミの雛7羽の保護飼育をしていた時、雛のいくつかの行動の

図9.3　ツバメの給餌
（撮影：永山幸男）　雛は大きな口をあけ、親から餌をもらおうとしている。

断片については観察していました。箱（飼育室としている小さな段ボール）のふたをあけると明るい方に向かって糞をすること、餌を食べ終えると箱の中を回って後ろの方へいくことなどです。また、巣立ち後自分たちで餌を捕れるようになってからは、雛によっては他の雛が捕った餌を奪い取るという行動がしばしば観察されました。

　はたして、自然の産室の中でカワセミの雛たちは、親からどのようにして餌をもらうのでしょうか。ツバメやスズメの雛が親から餌をもらうシーンは、写真やテレビでよく見ますが、すべての雛が大きな口をあけ、争うようにして餌をもらっています（**図9.3**）。自然状態だと、彼らにも餌の奪い合いはあるのでしょうか。大変興味がありました。

　映像を見てびっくりしました。

　カワセミの雛は、産室内では団子のようにかたまっていますが、よく見ると、入口に近い先頭の1羽の嘴が一歩先に出ているのです。親鳥が餌を運んでくると、この先頭の雛がトンネルまで出向いて餌をもらいます。次に餌を食べた雛は入口の方に尻を向け、水様性の糞（**口絵C1**）をします。これは産室内の清潔を保つための知恵です。また、巣穴のトンネルの傾斜が10～20°あるのは、糞が産室内に流れ込むのを防ぐという理由も大きいと考えられました。

　そして、糞をした雛は、時計とは反対回りで狭い産室内を移動し、集団の最後尾に並ぶのです（**図9.4**）。ツバメやスズメのように大きな口をあけて争うように餌をもらうこともありませんでしたし、雛どうしで餌を奪い合うこともありませんでした。

第9章　産室内の雛の行動

　これほどカワセミの雛がお行儀よく餌をもらっているとは、正直思っていませんでした。そして、順序よく餌をもらうことによって成長も均等に進み、同じ日に巣立ちを迎えることができるのだと思われました。

　もっとも、詳しく調べてみますと、時計回りで移動するものもいますし、最後尾まで移動せずちょっとだけ横にずれるもの、餌をもらってもそのまま居座るものなどさまざまでした。ひょっとすると、餌が小さい時は最後尾まで移動しなくてもよいという雛同士の中での暗黙の了解があるのかもしれません。

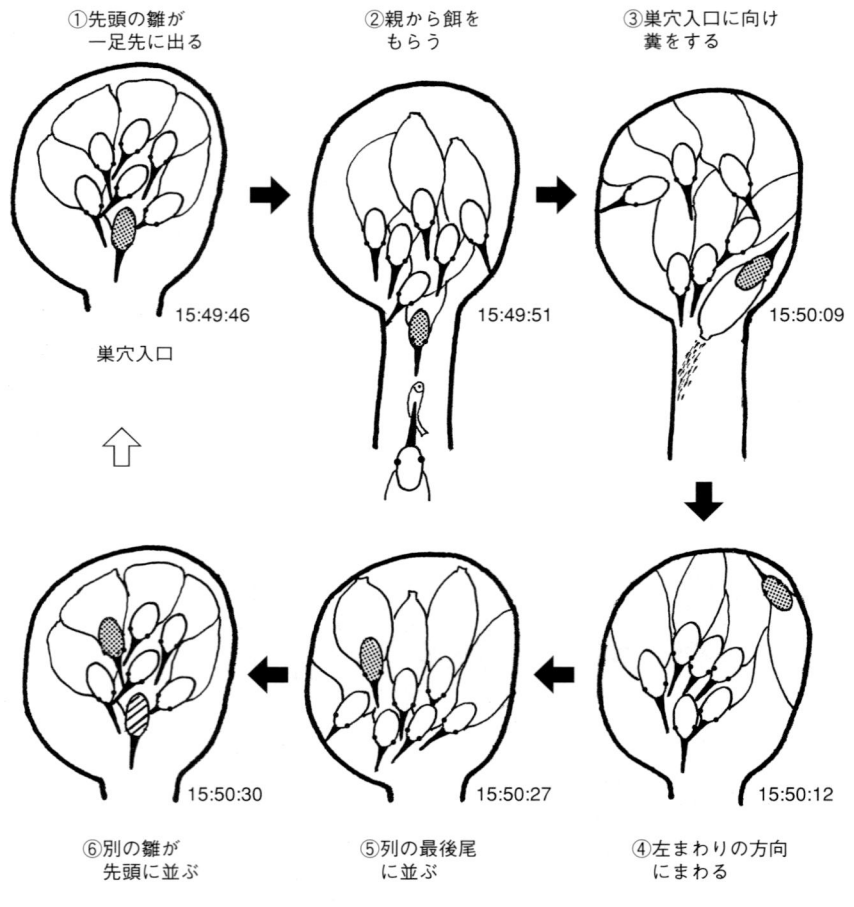

①先頭の雛が一足先に出る　15:49:46
巣穴入口

②親から餌をもらう　15:49:51

③巣穴入口に向け糞をする　15:50:09

④左まわりの方向にまわる　15:50:12

⑤列の最後尾に並ぶ　15:50:27

⑥別の雛が先頭に並ぶ　15:50:30

図9.4　産室内の雛の移動　先頭の雛が餌をもらい、終わると入口に向けて糞をし、そして最後尾に並ぶ。

もし、再びこのような機会があれば、雛の頭にマークをつけて個体識別をし、本当に均等に餌をもらっているか確かめてみたいものです。

◎第4回生中継「カワセミの子育て」

　生中継「カワセミの子育て」は第4回目になりますが、NHKで放映された影響もあり、自然教育園にはたくさんのカワセミファンが訪れました。展示ホールの大きなテレビ画面には、4分の3に産室内の雛の映像、4分の1に餌を運ぶ親の映像が映っています。雛が餌をもらうとグルリと回り、最後尾に並ぶ行動などは、日本で初めての映像であり、皆さんもとても感動されていました。この様子は、5月17日から24日までの1週間見られたわけですが、私もギャラリートークとして、1日2回映像の解説やカワセミの生態についての話をしました(**図9.5**)。東京近郊でカワセミの観察をしている人も多く、いろいろな質問がたくさん出てきましたし、それぞれの方から繁殖の情報や撮影した写真などをいただきました。カワセミは、大変人気のある鳥だということを改めて感じた次第です。

　育雛期も順調に進み、いよいよ巣立ちの時期を迎えました。5月25日8時56分、1羽の雛が、餌を与え終えた親鳥と一緒に巣穴から出ました。残り6羽の雛も、翌26日の5時12分から5時44分の間に次々と巣立っていきました。巣立ちは早朝に行なわれることが多いため、入園者に生中継で見ていただくことはできませんでしたが、これらのビデオを編集し、「産室内のカワセミの雛」という5分間

図9.5　ギャラリートーク　生中継にはたくさんの人が集まり、1日2回、映像の解説やカワセミの生態について話をした。

のダイジェスト版を作り、展示ホールで常時公開しています。

結局、2008年の第1回目の繁殖では、7羽の雛が巣立ったことになります。

◎第2回目の繁殖はなぜか放棄

2008年は、第1回目の繁殖期の雛が5月1日に孵化しましたので、この時期から考えて、私は第2回目の繁殖もあると予測していました。

これまでの観察では、1993年には第1回目の育雛期の10日目に、1994年には第1回目の育雛期の13日目に第2回目の巣作りを開始しています。

2008年は、ちょっと遅いなと感じていましたが、第1回目の育雛期の20日目の5月20日、早朝5時頃より13時頃まで普段とは違う行動が見られました。すなわち、メスは、雛への給餌をすることが多かったのですが、オスは、餌なしで飛来し、すぐ飛び去るという行動が8回も観察されたのです。おそらく、第2回目の繁殖の巣穴を探したのですが、事前に掘った二つの予備の巣穴がふさがれてしまったため、現在繁殖に使用している巣穴Aで第2回目の繁殖をすることを決断したのでしょう。午後からは通常の雛への給餌活動に戻りました。

前述したように、5月25日に1羽、翌26日の5時44分に最後の7羽目の雛が無事巣立ちました。

そして、5月26日8時40分、9時6分、10時の3回、メスが巣穴の中に雛がいないことを点検しています。

その日の10時27分、巣穴「A」の産室内のテレビの映像にオスの姿が映りました。まわりをキョロキョロと見渡し、約1分後に巣穴から出てきました。ついで11時32分、今度はメスが巣穴の中に入り、同様にまわりをキョロキョロと見渡し、約30秒後に巣穴から出てきました。

それ以降は、オス・メスとも巣穴「A」へ入ることはありませんでした。なぜでしょうか。

おそらく、新しく設置した赤外線ランプが原因と考えられます。このランプは、あまり時間がなく急きょ調達した近赤外線ランプで、作動している時は、人間が認識できるよう、まるでコタツのように赤いランプが点灯してしまうものなのです。この赤いランプが真っ暗な産室内ではよく目立つため、カワセミが警戒したと思われます。

ではなぜ、第1回目の育雛期には警戒しなかったのでしょうか。それは、雛が餌をもらう時トンネルまで出向いたため、親鳥が産室内までくることが少な

かったこと、また、育雛期後半だったため、親が放棄しなかったことなどが考えられます。

この経験から、赤外線ランプを選定する際にも鳥に影響が及ばないよう、十分な配慮が必要なことをつくづく感じました。

さて、巣穴「A」をあきらめた親鳥はどのような行動をとったでしょうか。

その日（26日）のうちに、入口をふさいである巣穴「C」をめざとく見つけ、午後から巣穴掘りを始めました。リフォーム型の巣作りですので、通常より早く5〜6日で完成させ、産卵したようです。

そして、6月6日から抱卵期に入り、6月25日に雛が孵化しました。卵の殻出しや夜のメス親の雛の保温などは観察され、翌26日には雛への給餌も確認されました。

しかし、26日14時10分を最後にカワセミの姿は見られなくなってしまいました。雛が孵化するまでになったのに、なぜ放棄してしまったのか、まったく謎です。

第10章　21年間のまとめと今後の課題

◎60羽を超える雛の巣立ち

　1988年から2008年までの21年間に、自然教育園では11回の繁殖があり、巣立ちを確認した雛の数は49羽です。しかし、調査不十分で雛の数の未確認が5回ありますので、おそらく60羽以上の雛が巣立っていると思われます（**表10.1**、**表10.2**）。

　11回の繁殖のうち、1年間に2回繁殖したのが5例ありますが、同一巣穴を使用したのは1例で、他の4例は別の巣穴を使用しています。

　これまで繁殖地内の赤土壁面に掘られた巣穴は8個ですが、実際に使用された巣穴は3個です。巣穴「A」は7回、巣穴「B」は3回、巣穴「C」は2回使用されています。残りの巣穴「D」～「E」は予備の巣穴と考えられます。

　繁殖期間中に親鳥が失踪することもしばしばありました。1990年には抱卵期中にオスが失踪したため、その後繁殖を放棄してしまいました。1994年の第2回目の繁殖時は、育雛期4日目よりメスが失踪してしまいましたが、残されたオスが7羽の雛を巣立ちまで育雛していました。また、1995年は育雛期17日目にオスが失踪し、残されたメスが巣立ちまで5羽の雛を育雛していましたが、巣立ちの日、4羽の雛がアオダイショウに呑まれてしまいました。そして、2000年には育雛期10日目にメスが、17日目にオスが相次いで失踪したため、巣穴から7羽の雛を救出しました。試行錯誤しながら保護飼育をした結果、すべて順調に育ったため、7月15日に4羽、7月30日に3羽の計7羽を自然教育園内の水生植物園に放鳥しました。

　抱卵日数は、1993年の第1回目の繁殖時は15日間とやや短かったですが、他は18日～20日間でした。

　育雛日数は、1993年の第1回目・第2回目、1994年の第1回目・第2回目、1995年の5回の繁殖時はいずれも23日間でしたが、2008年の第1回目の繁殖時は25日間とやや長い傾向にありました。

◎まだ残されている今後の課題

　2008年には産室内の撮影に成功し、育雛期後半の雛の行動の一部を解明することができました。しかし、造巣期・産卵期・抱卵期・育雛期前半の記録は、今後の課題としてまだ残っています。

　育雛期後半に見られた雛の行動も、本当に順序よく餌をもらっているかは、個体識別をしてもう少し詳しく調べなければなりません。

表10.1　自然教育園における21年間のカワセミ観察のまとめ（1988年～2008年）

年	調査日数	調査方法	繁殖回数	特筆すべき事項
1988年	12日	肉眼・カメラ	2	2回目は別の繁殖地で繁殖
1989年	32日	〃	2	
1990年	47日	〃	―	オスが抱卵期中に失踪、繁殖放棄
1991年		〃	―	
1992年		〃	―	
1993年	127日	ビデオ・肉眼	2	
1994年	101日	〃	2	2回目メスが4日目に失踪
1995年	173日	〃	1	オスが17日目に失踪、巣立ちの日雛4羽ヘビにのまれる
1996年	56日	〃	―	
1997年	203日	監視カメラ・肉眼	―	
1998年	365日	〃	―	
1999年	365日	〃	―	
2000年	366日	〃	1	メス10日目・オス17日目に失踪、7羽の雛を保護飼育、外来魚密放流
2001年	365日	監視カメラ・肉眼・赤外線ランプ	―	産室内撮影開始
2002年	359日	〃	―	落雷により機器故障、6日間欠測
2003年	365日	〃	―	
2004年	366日	〃	―	巣穴に入るも繁殖に至らず、外来魚撲滅
2005年	365日	〃	―	
2006年	365日	〃	―	
2007年	365日	〃	―	巣穴に入るも繁殖に至らず
2008年	366日	〃	2	産室内撮影成功。2回目は育雛期に放棄

表10.2　自然教育園におけるカワセミの繁殖に関する記録

	繁殖回数	使用巣穴		掘った予備の巣穴	抱卵日数		育雛日数		雛の数		巣立ち日		子育て生中継
		1回目	2回目		1回目	2回目	1回目	2回目	1回目	2回目	1回目	2回目	
1988年	2回	A (77cm)	A'	―	?	?	?	?	1羽+α	?	6月5日	?	―
1989年	2回	A	A	B (27cm)	?	?	?	?	3羽+α	3羽+α	5月28日	7月16日	―
1990年	0回	(A)	―	―	オス失踪繁殖放棄		―		―		―		―
1993年	2回	A	B (70.5cm)	C (7cm)	15日	18日	23日	23日	3羽+α	7羽	6月27日	8月14日	
1994年	2回	B	C (54cm)	―	20日	18日	23日	23日	6羽	7羽	5月25日	7月11日	○
1995年	1回	B	―	D (46cm)　E (11cm)	19日	―	23日	―	1羽+(4羽)	―	9月1日	―	○
2000年	1回	A	―	―	19日	―	18日目雛救出保護飼育	―	7羽	―	7月15日 4羽	7月30日 3羽放鳥	
2004年	0回	―	―	F (35cm)	―	―	―	―	―	―	―	―	
2007年	0回	―	―	G (14.5cm)　H (14cm)	―	―	―	―	―	―	―	―	
2008年	2回	A	C	―	19日	19日	25日	2日目で放棄	7羽	?	5月25日～26日		○

その後、マークの仕方についていろいろ実験してみました。カラスの羽を使い修正液でマークしてみると、油性のため消えずに残ってしまいました。しかし、白い水彩絵具は水で洗うと消えることがわかりました。カワセミの場合、産室内では頭に水がかかることはありませんが、巣立ち後2～3回水浴びをすると水彩絵具は溶けて消えますので、この手法は使えそうです。

産室上部のガラスが光ること、ガラスが結露することは、すでに2008年に解決ずみです。さらに、産室内ボックスの中に大量の乾燥剤を入れ、結露防止対策もとりました。

2009年は前年の実績も認められ、青柳邦忠園長のご尽力で予算をいただくことができ、新しいカワセミ録画システムがスタートしました。

止まり木と巣穴入口を撮影する監視カメラと産室内の監視カメラ（**図10.1**）は従来と変わりませんが、赤外線ランプは、鳥に影響の少ない光らないランプに交換しました。また、これまで野外の観察小屋に設置していた録画用のタイムラプス機能は、風雪にさらされない現業舎内の収納ボックス（**図10.2**）に収めることにしました。これによって、機器の損傷防止、カワセミへの影響の軽減化、調査の能率化を図ることができるようになります。

ブルーレイの最高画質のDVD録画レコーダーも、新たに同じ収納ボックスに収めました。調査用ビデオはコマ落としで撮影していたため、画質が悪かったのですが、今後は、教育用ビデオはこのレコーダーを使い、鮮明な映像で作成することができます。DVD録画ですと、マイクをセットすれば音声も同時に録音できますので、繁殖地での親鳥の鳴き声、産室内の雛の鳴き声なども収録できるようになります。

さらに、展示ホールには58インチの大型テレビを設置しましたので、DVDで撮影された美しい映像を見ることができ、カワセミの子育て生中継も迫力あるものに変身すると考えられます。

グレードアップされたこのシステムが正常に作動すれば、産室内の親の行動、雛の成長や行動が完全に撮れるようになります。ひょっとすると、世界でも初めての試みかもしれません。

準備万端、あとはカワセミの繁殖を待つばかりとなりました。

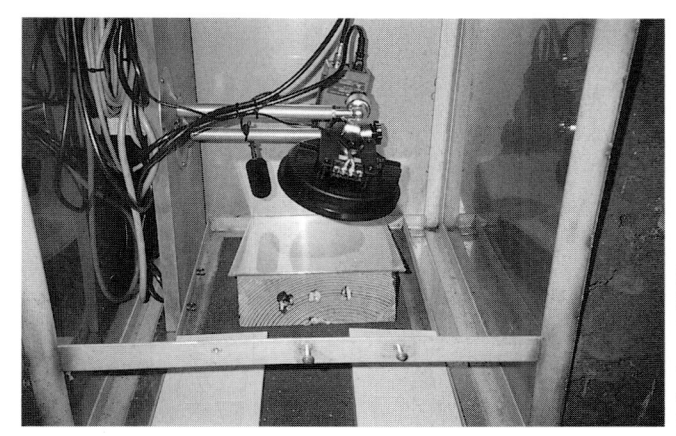

図10.1 産室内の撮影装置 監視カメラ・赤外線ランプ・マイクなどがセットされているほか、ガラス反射防止や結露防止の乾燥剤なども準備した。

図10.2 現業舎内の収納ボックス 機器の損傷防止、調査の能率化などを図るため、機器類を室内に集め収納した。

あ と が き

　私とカワセミのお付き合いは1988年からですので、もう21年になります。ふだんはちゃらんぽらんな性格ですが、ことカワセミに関しては完全（100％）でないと気持ちがおさまらない性分なのです。

　1994年第1回目の育雛期、1995年の抱卵期は、早朝3時30分より夕方19時まで、それぞれ25日間、20日間頑張り、ミスもなく完全な記録を残すことができました。また、2000年にはカワセミの両親が失踪したため、救出した7羽の雛を約42日間保護飼育し、順調に育った7羽すべてを自然教育園に放鳥することができました。さらには、2000年頃自然教育園の池に密放流されたブルーギル・ブラックバスによりカワセミの餌である小魚やエビが激減したため、足かけ5年かけてこれらの外来魚をすべて駆除することができました。

　こうした"こだわり"を持っているために多くの方に大変なご迷惑をおかけしましたし、また、多大なご協力もいただきました。

　また、私は鳥類が専門ではありませんので、生態観察の際にはカワセミを専門にご研究されている紀宮殿下には格別なご指導を賜りました。また、故石川信夫先生、千羽晋示氏、濱尾章二博士、藤村仁氏、三浦勝子さん、柳沢紀夫氏、松田道生氏、唐沢孝一氏、川内博氏、中西せつ子さん、茂田良光氏、中村文夫氏と、たくさんの方々から調査や保護飼育の際ご指導をいただきました。

　また、長期間にわたるカワセミの調査にご理解いただいた自然教育園の岡孝男元園長、青柳邦忠現園長はじめ歴代園長、調査のお手伝いをしていただいた奥津励君、大澤陽一郎君、桑原香弥美さん、浦本伸一氏はじめ職員の皆様には心より感謝申し上げます。また、雛の保護飼育は、妻佑子の協力がなかったら不可能だったかもしれません。

　私は原稿執筆にはいまだに鉛筆一本の超原始的生活を送っていますので、原稿の清書・図表の作成などで吉井美恵子さん、倉持尚子さん、そして娘の美子、智子にもお世話になりました。

　また、出版にあたっては、飯田晋一郎氏、三枝近志氏、山崎孝一氏、川島徹氏、山本久志氏、越川耕一氏、朝日新聞社から貴重な写真を借用いたしました。

あとがき

　これら多くの方々のご指導・ご協力がなければカワセミの生態調査を続けることはできませんし、本書を上梓することもできませんでした。厚くお礼申し上げます。
　地人書館の永山幸男氏には、前著『帰ってきたカワセミ』に引き続き、私のつたない文章や図を読者にわかりやすいようにと手を入れて下さり、見やすい本にするためにご尽力いただきました。本当にお世話になりました。

2009年10月6日

矢野　亮

　追記
　2009年4月、準備は万端、カワセミの繁殖期を迎えました。
　メスは、本命の「A」の巣穴（カメラが設置してある）に出入りしていましたが、オスは、本命の巣穴の40cm上部にある巣穴を掘り始めました。じつは、この巣穴は、2008年に予備の巣穴として掘られたものですが、50～60cm掘り進むとカメラなどを収納してあるステンレスボックスに当たるため、使用しないよう巣穴の入口を杭で塞いでおいたものなのです。
　当初、オスはボックスに当たればあきらめるだろうと思っていましたが、掘り続けました。「コン、コン、コン」と嘴がボックスに当たる音を聞いた時には、痛々しささえ感じられました。それでもオスは執拗に掘り続けました。メスもこれに従い、この巣穴での繁殖を決めたようです。
　この巣穴での繁殖では、カメラのアングルの関係で詳細な記録は取れず、産室内の撮影はできず、テレビの生中継もできず、まったく想定外のことでした。また、多くの入園者や関係者のご期待に応えることもできず、残念に思っていました。そして、動物の観察・調査は、こちらの思い通りにはいかずむずかしいことをつくづく感じました。
　しかし、カワセミのペアの健闘もあり、6月18日早朝に6羽の雛の巣立ちを確認しました。これで、都心の自然教育園から、2008年に7羽、2009年に6羽と、

ここ2年間で合計13羽のカワセミを世に送り出したことになります。これは何にも代えがたい大きな喜びとなりました。

参 考 文 献

バーダー編集部（1994）「特集みんな大好きカワセミ類」『バーダー』（89）：10−31.
千羽晋示・坂本直樹（1989）「自然教育園の鳥類の記録（1985〜1988）」『自然教育園報告』（20）：15−19.
北海道札幌旭丘高等学校生物部（2008）「カワセミ（*Alcedo atthis*）の人工営巣場所づくりと生態・繁殖行動の研究──水辺にカワセミが飛び交うために──」15pp.
古橋純一（1994）『古橋純一写真集　翡翠・カワセミの親子三つがい四季を追う』95pp. 光村印刷株式会社.
────（2001）『古橋純一写真集　翡翠　第Ⅱ集〜清流・桐生川に宝石が舞う〜』95pp. 自費出版.
飯村武他（1987）「飼育下におけるカワセミの観察」『神奈川県立自然保護センター調査研究報告』（4）：19−24.
石川信夫（1992）「カワセミグラフィティ」『AGS』（2）：2−7.
神保賢一路（1997）『ヤマセミの暮らし』183pp. 文一総合出版.
柿澤亮三・小海途銀次郎（1999）『日本の野鳥巣と卵図鑑』238pp. 世界文化社.
金子凱彦（1988）「帰ってきた東京のカワセミ」『都市に生きる野鳥の生態』24−27.
────（1989）「帰ってきたカワセミ」『野鳥』（517）：21.
唐沢孝一（1994）『都市の鳥─その謎にせまる─』151pp. 保育社.
────（1997）『都市の鳥類図鑑』228pp. 中央公論社.
河合直樹（1985）「清流へのダイビング＜カワセミ＞」『続々野鳥の生活』23−26.
川内博（1994）「東京における1970年以降のカワセミの生息状況について　その1（23区内）」『日本大学豊山中・高等学校研究「紀要」』（22）：1−15.
────（1997）『大都会を生きる野鳥たち』245pp. 地人書館.
────（2008）「砂山で繁殖したカワセミ」『都市鳥研究会誌』66：51-52.

参考文献

清棲幸保（1952）『日本鳥類大図鑑　第Ⅱ巻』785pp．大日本雄弁会講談社．
松田道生（1971）「減少する東京のカワセミ」『野鳥』（297）：300-305．
── （1995）『江戸のバードウォッチング』87pp．あすなろ書房．
目黒勝介（1995）「吹上の天皇ご一家」『シンラ』（18）：54-55．
三浦勝子（1993）『気分はカワセミ』221pp．平凡社．
森岡弘之（1982）「カワセミ科雑記」『野鳥』（429）：12-15．
中川雄三（1989）「カワセミの生活」『野鳥』（517）：14-17．
── （1996）『ハス池に生きるカワセミ』32pp．大日本図書株式会社．
── （1996）『カワセミの四季』82pp．平凡社．
仁部富之助（1951）『全集野鳥の生態』上：55-67・中：167-195．光文社．
嶋田忠（1974）「人に追われ後退していくこの愛らしき鳥「カワセミ」」『アニマ』（11）：5-26．
── （1979）『カワセミ─清流に翔ぶ─』96pp．平凡社．
── （1982）「カワセミ・ヤマセミ・アカショウビン餌の捕り方に見る三種の生態」『野鳥』（429）：16-19．
紀宮清子・鹿野谷幸栄・佐藤佳子・安藤達彦・柿澤亮三（1991）「赤坂御用地におけるカワセミの繁殖」『山階鳥類研究所研究報告』（85）：1-5．
紀宮清子（1998）「都心で繁殖するカワセミ ─赤坂御用地と皇居での観察記録─」『バーダー』12（7）：34-39．
── （2001）「皇居のカワセミ」『皇居吹上御苑の生き物』22-27．世界文化社．
紀宮清子・鹿野谷幸栄・安藤達彦・柿澤亮三（2002）「皇居と赤坂御用地におけるカワセミ Alcedo atthis の繁殖状況」『山階鳥類研究所研究報告』34：112-125．
武田芳男・愛甲重成・山口仁（1990）「豊橋市動物園におけるカワセミの繁殖について」『動水誌』31（4）：121-124．
山根茂生（1991）「都市公園のカワセミ」『日本の生物』5（4）：10-12．
矢野亮（1989）「都心でのカワセミの繁殖観察記録」『私たちの自然』（334）：6-11．
── （1990）「自然教育園におけるカワセミの繁殖について」『自然教育園報告』（21）：1-10．
── （1994）「自然教育園におけるカワセミの繁殖について（第2報）」『自然教育園報告』（25）：1-28．

――（1995）「自然教育園におけるカワセミの繁殖について（第3報）」『自然教育園報告』(26)：1－22.

――（1995）「カワセミ～都心での子育て～」『国立科学博物館ニュース』(321)：4－11.

――（1996）「自然教育園におけるカワセミの繁殖について（第4報）」『自然教育園報告』(27)：1－19.

――（1996）『帰ってきたカワセミ ～プロポーズから巣立ちまで～』174pp. 地人書館.

――（2000）「カワセミの里親体験記 ～救出から放鳥まで～」『国立科学博物館ニュース』(378)：20－23.

――（2001）「自然教育園におけるカワセミの繁殖について（第5報）」『自然教育園報告』(32)：1－29.

――（2008）「自然教育園におけるカワセミの繁殖について（第6報）」『自然教育園報告』(39)：1-17.

――（2008）「飛ぶ宝石カワセミ」『BIRDER SPECIAL 華麗なる水辺のハンター』13-31.

――（2009）「お行儀のよいカワセミの雛の食事風景」『私たちの自然』(545)：12-13.

矢野亮・大澤陽一郎・奥津励・桑原香弥美（2005）「自然教育園におけるブルーギル・オオクチバスの密放流から駆除まで」『自然教育園報告』(36)：9-20.

若尾親（2001）『カワセミ物語　若尾親写真集』71pp. 河出書房新社.

脇坂英弥（1998）「コンクリート製人工崖で繁殖したカワセミ」『STRIX』16：156－159.

鷲野巣愛（1997）「繁殖期におけるカワセミ $Alcedo\ atthis$ の行動生態」北海道大学大学院修士論文，40pp.

索　　引

【あ　行】

アオキ　24
アオダイショウ　55,202
アオバト　53
青柳邦忠　204
アカショウビン　31
赤土壁面　40,58
アカミミガメ　172
足　環　123,141,150
　　——の装着　141,150
　　——番号　141,159,160
アブラハヤ　89
ア　ユ　120,149,161
ア　リ　193

飯田晋一郎　21
育雛期　85-107
　　——の給餌回数　116
池の掻い掘り　168,169
出水のツル調査　47
いもりの池　170,187
イワシ　149
イワナ　149,161
インセクタリウム　138,163
　　——内での飼育　138-142,155,
　　157

ウグイ　89
ウサギ　172
ウシガエル　166,170,172

営巣地　31,32,37
エール・ブルー　33
餌
　　生きた——　163
　　差し餌による——　133,140
　　雛の——捕り訓練　132,133,
　　156,157
　　——捕り風景（著者の）　153

——の奪い合い　136,137,195
——の大きさ　68,96,97
——の確保と管理（保護飼育）
　127
——のくわえ方（親鳥）　43
——の献立表（保護飼育）
　126,127
——の種類　43,89,90
アブラハヤ　89
アユ　120,149,161
イワシ　149
イワナ　149,161
ウグイ　89
エビ　170,171
オイカワ　89
カワエビ　89
カワムツ　89
キャットフード　149
魚類　89,90,98
金魚　38,89,91,93,120,127,172
ゲンゴロウの幼虫　89
コイ　89
甲殻類　89
小魚　98,119
昆虫　89
サケの稚魚　89
ザリガニ　26,38,43,44,68,89-
　93,166,167,170
サワガニ　89
スジエビ
　38,90,93,167,168,187
ドジョウ　89,90,93,120,127,
　128,136,150,152,161,163
トビケラの幼虫　89
トミヨ　89
トンボ　94,95
ハゼ類　89
ヒメダカ　119,120,172
フナ　89

マグロ　149
マスの稚魚　89
ミズカマキリ　89
ミズスマシ　89
メダカ　89,167,168,170,171,
　187
モツゴ　26,38,39,43,68,89,
　123,134,136,150-153,161,166-
　168,170,171,187
モロコ　89
ヤゴ　89
ヨシノボリ　43,90,91,93,167,
　168
——の種類の割合　92,93
——の全滅　166
——のプレゼント　　→求愛給
　餌
——の量と質　161
江戸のカワセミ　24
江戸の自然　24
エナガ　53
エ　ビ　170,171

オイカワ　89
オオクチバス　　→ブラックバス
オオコノハズク　53
オス・メスの識別　32
オニグルミ　19
オニヤンマ　19,94
親鳥の失踪　56,100-102,115-118

【か　行】

カイツブリ　167,173
掻い掘り　168,169
外来魚　166,167,169
　　——の駆除　166,171
　　掻い掘り　168,170
　　浚渫　170-172
　　釣り　167

215

索　引

――の密放流　167,169,187
外来種（自然教育園の）　170-172
カケス　53
神奈川県立自然保護センター　121
金子凱彦　26
カモ　86
カラーリング　→足環
カラス　24
ガラスの反射防止　188,189
カワエビ　89
カワセミ
　帰ってきた――　25,26
　普通種としての――　24
　幻の鳥としての――　24,25
　明治神宮での――の変遷　27
　――オス・メスの識別　32
　――おっかけ　32
　――親鳥の1日の行動時間　88-90
　――科の鳥　30,31
　――基金　128,129
　――との出会い　36
　――の足　58,59
　――の穴掘り術　58
　――の営巣地　31,32,37
　――の餌　→餌
　――の嘴の形　58,59
　――の嘴の色　32
　――の後退（図）　24,25
　――の行動開始時刻　88
　――の行動終了時刻　88
　――の交尾行動　39,66-70
　――の子育て生中継　53-56,178,194,197
　――の飼育例　121
　――の巣穴　→巣穴
　――の巣立ち　→巣立ち
　――の生息域　30
　――の生息に必要な環境条件　31
　――の体重（親）　128
　――の卵　70,71
　――の名の由来　30
　――の繁殖地への飛来観察記録

　　　180-186
　――の繁殖の条件　31,179
　――の人慣れ　119,140,142,162
　――の人への貢献　32
　――の雛　→雛
　――の復活図　26
　――の糞　126,135,195
　――の平均体重　105
　――のUターン　25,26
　――幼鳥・成鳥の違い　32
カワムツ　89
観察小屋　→迎賓館カワセミ,迎賓館カワセミ新館
監視カメラ　50,51,177,187,188,193
　――の操作　51
　――の導入　50

キジ類　86
キャットフード　149
求愛期　64,65,83
　――におけるオスの行動　69
求愛給餌　39,66,68-69
　――プレゼントの種類と大きさ　68
給餌
　――した餌の総数　106
　――のオス・メス比　100,101
　――の回数　85,102-107,116-118
　――の間隔　99
　――の時間帯　98
競泳用水着　33
魚類（カワセミの餌としての）　89,90,98
金魚　38,89,91,93,120,127,172
　――泥棒　91,93

嘴の形　58,59
嘴の色　32
クモ　193
桑原香弥美　59

迎賓館カワセミ　44,45,47
　――新館　45,46
ゲジ　193

結露防止剤　194
ゲンゴロウの幼虫　89
ゲンジボタル　19

コイ　89
合趾足　30,58,59
行動開始時刻　88
行動終了時刻　88
コウノトリ　24
交尾行動　39,66-70
　――の頻度　67
交尾成功率　69
コケ　40
コゲラ　22
小魚　98,120
子育て生中継　53-56,178,194,196
個体識別　202
　――マークの仕方　204
コナラ　19,20
昆虫飼育施設　→インセクタリウム

【さ　行】
採餌　→餌捕り
在来種（自然教育園の）　170-172
サギ類　72,173
サケの稚魚　89
差し餌　133,140
サメビタキ　53
ザリガニ　26,38,43,44,68,89-93,166,167,170
サワガニ　89
サンコウチョウ　53
「産室内のカワセミの雛」　197
産室内の撮影　176
　――装置　178,205
　――の目的　179
産室内の雛　193
　――の移動　196,197
産卵期　70-72,83
　――中の抱卵　72,73
産卵数　71
　――の推定　71

茂田良光　137,141

シジュウカラ　22,23,53,86
　　──のなわばりの変化　22,23
自然教育園
　　空から見た──　18
　　──の自然の変遷　19
　　──の樹木の変化　19,20
　　──のチョウ類の変化　20,21
　　──の森番　22
　　──の歴史と環境　18
自然教育園産雛　160-161
　　──八王子産雛との違い　160-162
柴田亜衣　33
嶋田忠　89
ジムグリの幼蛇　193
ジャヤナギ　19
ショウドウツバメ　58
白金長者　18
白金の森　18
シロダモ　20,38
新幹線のぞみ500系　32,33

巣　穴　58
　　予備の──　63
　　──のアピール　64-66
　　──の位置　63,64
　　──の新築とリフォーム　59,60
　　──の滞在時間　82-84
　　──の調査　122
　　──の出入りの仕方　43
　　──の中の観察　176
　　　赤外線ランプによる　176
　　　ファイバースコープによる　177
　　──掘り　58-63
水生昆虫　167
水生植物園　166-172,187
水中ポンプの設置　41,42
スギ　20
スジエビ　38,90,93,167,168,187
スズメ　32
　　──の給餌　195
スダジイ　19,20
巣立ち　107-111,128,130,131,202
　　人工トンネルでの──　128,130
　　──した雛の数　107,108
　　──と雛の体重　130,131
　　──の時間帯頻度　111
　　──の時刻　110,111
　　──の所要時間　110,111
　　──前のダイエット作戦　104,105
赤外線ランプ
　　176,177,187,188,193,198,204

早成性雛　86
造巣期　58,83
　　──のオスの行動　63
そにとり　30
そび　30

【た　行】
タカ　96
タブノキ　20
卵（カワセミの）　70,71
タンチョウヅル　134

チドリ　86
千羽晋示　47,48
チョウ　138,139
チョウ（暖地性）　21
鳥獣保護員　125
鳥獣保護法　124

土　壁　31
ツバキ　38
ツバメの給餌　195
ツマグロヒョウモン　21,22
ツル調査　47

手乗りカワセミ　→人慣れ

トキ　24
ドジョウ　89,90,93,120,127,128,136,150,152,161,163
トビケラの幼虫　89
飛ぶ宝石　32
土　壁　→土壁（つちかべ）　31
止まり木　38,39

　　1本の棒の──　38
　　横枝のある──　39
トミヨ　89
トンボ　94,95

【な　行】
ナガサキアゲハ　21,22
中村文夫　125,150
ナンヨウショウビン　31

仁部富之助　104,128,161
日本鳥類保護連盟　40,119,120
日本野鳥の会　26,119,120
楡木栄次郎　33
ニワトリ　172

【は　行】
ハゼ類　89
八王子産雛　148,150,157-161
　　──自然教育園雛との違い　160-162
　　──の死　160
　　──の体重の変化　154
羽
　　──の乾き　156
　　──を乾かす雛　151
繁　殖
　　2008年の──　192
　　──の条件　31,179
繁殖地　36
　　──の整備　36
　　──への飛来観察記録　180-186
晩成性雛　86
ヒキガエル　24
ヒサカキ　39
翡翠　30
ビデオ機器
　　──による観察の利点と欠点　48,50
　　──の設置　47
人慣れ　120,140,142,162
雛
　　産室内の──　193,196,197
　　巣立ちした──の数　107,108

索　　引

水が苦手な——　152
——の餌捕り訓練　132,133
——の餌の献立表　126
——の救出　121-123
——の性格　137
——の体重（の変化）　124,128,130,131,154
——の鳴き方　126
——の飛行訓練　132
——の保温
　　オス・メスの割合　88
　　昼間　88
　　夜間　86,87
——の保護飼育　126
　　餌の確保と管理　127
　　餌の献立表　126,127
——の本能　134
——の水浴び　134-136,152,156-158
「ヒナを拾わないで!!」　119,120,162
ヒメダカ　120,172
ひょうたん池　170,171,187

フクロウ　86,96
藤田直子　158
藤村仁　48,121
ブッポウソウ目　30
フナ　89
ブラインド（観察用）　42,43,47
ブラックバス　166-173
ブルーギル　166-173

平均体重　105
ペット・移入種の放逐　172
ヘ　ビ　64,176,177
ペリット　135,193

放　鳥　140-145,159,160
　　——後の追跡調査　143,144
　　自然教育園水生植物園での——
　　141,143-145
　　八王子での——　159,160
抱卵期　74-84
抱卵時間　80-82
　　オス・メスの——　78-81

抱卵の交替　74,75,78,79
　　早朝の——　76
　　——のパターン　76,77
保温（雛の）　86-88
　　オス・メスの割合　88
　　昼間　88
　　夜間　86,87
保護飼育
　　——の条件　163
　　——の日程　161
　　——を終えて　162
保護飼育依頼書　124,125,150
ポンプの設置（水中）　41,42

【ま　行】
マグロ　149
マスの稚魚　89
マ　ツ　20
松平讃岐守頼重　18
松田道生　25
幻の鳥　25
マミジロキビタキ　53

三浦勝子　75,86,110,120-121,126
水浴び（雛の）　134-136,152,156-158
水が苦手な雛　152
ミズカマキリ　89
ミズキ　19
ミズスマシ　89
水鳥の沼　170,187
水の管理　41,42,128
　　——（自動排水）水中ポンプの設置　41,42
ミヤコショウビン　31
ミヤコタナゴ　166

ムギマキ　53
ムラサキツバメ　22

明治神宮でのカワセミの変遷　27
メスへのプレゼント　━→求愛給餌
メダカ　89,167,168,170,171,187

モツゴ　26,38,39,43,68,89,123,134,136,150-153,161,166-168,170,171,187
モ　ミ　20
モロコ　89

【や　行】
ヤ　ゴ　89
柳沢紀夫　40
山崎孝一　94
山階鳥類研究所　137,141,160
ヤマショウビン　31
ヤマセミ　31
山本久志　148,149,159,164

油脂腺　152,156,158,161

幼鳥・成鳥の違い　32
ヨ　シ　19
ヨシノボリ　43,90,91,93,167,168

【わ　行】
ワカサギ　120
ワ　シ　96

【欧　文】
Alcedo atthis　30
kingfisher　30

矢野　亮（やの　まこと）
1943年満州生まれ東京育ち。東京教育大学農学部林学科卒業。1969年より国立科学博物館附属自然教育園に勤務、2008年定年退職、現在名誉研究員。関東学院女子短大・大学非常勤講師、日本鳥類保護連盟評議員。著書には『四季の森林』『帰ってきたカワセミ』（以上、地人書館）、『自然観察ガイダンス』『街の自然観察』（以上、筑摩書房）、『植物のかんさつ』（講談社）などがある。

カワセミの子育て
自然教育園での繁殖生態と保護飼育

2009年11月1日　初版第1刷

著　者　矢野　亮
発行者　上條　宰
発行所　株式会社　地人書館
　　　　162-0835　東京都新宿区中町15
　　　　電話　03-3235-4422　FAX　03-3235-8984
　　　　郵便振替口座　00160-6-1532
　　　　e-mail chijinshokan@nifty.com
　　　　URL http://www.chijinshokan.co.jp/
印刷所　モリモト印刷
製本所　イマヰ製本

The Breeding Ecology of the Kingfisher
Copyright ©2009 by Makoto Yano
ISBN978-4-8052-0814-4

JCOPY ＜(社)出版者著作権管理機構　委託出版物＞
本書の無断複写は著作権法上での例外を除き禁じられています．複写される場合は，そのつど事前に㈳出版者著作権管理機構（電話03-3513-6969，FAX 03-3513-6979，e-mail:info@jcopy.or.jp）の許諾を得てください．

●野生生物との付き合い方や自然保護を考える

クゥとサルが鳴くとき
下北のサルから学んだこと

松岡史朗 著
A5判／二四〇頁／本体二三〇〇円（税別）

「世界最北限のサル」の生息地・青森県下北郡脇野沢村（現・むつ市）に移り住み，野生ザルの撮影・観察をライフワークとする著者が，豊富な写真と温かい文章で綴る群れ社会のドラマ．サルの世界の子育てや介護，ハナレザル，障害をもつサルの生き方など，新しいニホンザル像を描き出し，人間と野生生物の共存について問う．

「クマの畑」をつくりました
素人，クマ問題に挑戦中

板垣悟 著
四六判／一八四頁／本体一六〇〇円（税別）

一向に減らない農業被害とそれに伴うクマの駆除．人も助かりクマも助かる方法はないものか，考えに考え，クマが荒らし被害が出ている作物デントコーンを山裾の休耕地につくり，そこから里に降りるクマを食い止めようとする「クマの畑」の活動を始めた．「これは餌付けだ」という批判を覚悟でクマ問題を世に問いただす．

ようこそ自然保護の舞台へ

WWFジャパン 編
四六判／二四〇頁／本体一八〇〇円（税別）

国際的な自然保護団体WWFジャパンの助成により全国で展開されている自然保護活動を紹介し，さらにWWFジャパンのみならず，様々な自然保護活動を網羅して，その活動のノウハウをまとめた．イベントへの参加と告知，情報公開・署名・請願などの方法，各種助成金の申請法など，活動のヒントもわかりやすく解説した．

自然保護
その生態学と社会学

吉田正人 著
A5判／二六〇頁／本体二〇〇〇円（税別）

生物多様性など環境問題の新しいキーワードを整理．地球上で生きるうえで誰もが教養として知っておくべき「自然保護のための生態学」をわかりやすく解説した．外来種の駆除や自然再生などの話題も取り上げ，自然保護の現場の社会問題や法制度についても興味を持って読める．教養課程の生態学の教科書としても最適．

●ご注文は全国の書店，あるいは直接小社まで

㈱地人書館 〒162-0835 東京都新宿区中町15　TEL 03-3235-4422　FAX 03-3235-8984
E-mail=chijinshokan@nifty.com　URL=http://www.chijinshokan.co.jp

●好評既刊

これだけは知っておきたい 日本の家ねずみ問題
矢部辰男 著
A5判／一七六頁／本体一八〇〇円（税別）

クマネズミ，ドブネズミ等の"家ねずみ"は人間の家に居候をする習性を持つ．よって彼らは世界中に分布を広げることができた．しかし，ネズミによる被害は甚大で，特に養鶏業では飼料や鶏卵などの食害に，サルモネラ症の媒介も心配される．ネズミに寄生するペストノミが全国の港湾で見つかり，ペスト侵入も危惧される．

これだけは知っておきたい 人獣共通感染症
ヒトと動物がよりよい関係を築くために
神山恒夫 著
A5判／二六〇頁／本体一八〇〇円（税別）

近年，BSEやSARS，鳥インフルエンザなど，動物から人間にうつる病気「人獣共通感染症（動物由来感染症）」が頻発している．なぜこれら感染症が急増してきたのか，病原体は何か，どういう病気が何の動物からどんなルートで感染し，その伝播を防ぐためにどう対処したらよいのか．最新の話題と共にわかりやすく解説する．

ミジンコ先生の水環境ゼミ
生態学から環境問題を視る
花里孝幸 著
四六判／二七二頁／本体二〇〇〇円（税別）

ミジンコなどの小さなプランクトンたちを中心とした，生き物と生き物の間の食う-食われる関係や競争関係などの生物間相互作用を介して，水質など物理化学的環境が変化し，またそれが生き物に影響を及ぼし，水環境が作られる．こうした総合的な視点から，富栄養化や有害化学物質汚染などの水環境問題の解決法を探る．

コウノトリの贈り物
生物多様性農業と自然共生社会をデザインする
鷲谷いづみ 編
四六判／二四八頁／本体一八〇〇円（税別）

環境負荷の少ない農業への転換を地域コミュニティの維持や再生と結びつけて進めることは，持続可能な地域社会の構築にとって今最も重要な課題である．コウノトリを野生復帰させ共に暮らすまちづくりを進める豊岡市，初の水田を含むラムサール条約湿地に登録された大崎市蕪栗沼の取り組みなど，先進的事例を紹介する．

●ご注文は全国の書店，あるいは直接小社まで

㈱地人書館
〒162-0835 東京都新宿区中町15　TEL 03-3235-4422　FAX 03-3235-8984
E-mail=chijinshokan@nifty.com　URL=http://www.chijinshokan.co.jp

●好評既刊

帰ってきたカワセミ
都心での子育て　プロポーズから巣立ちまで
矢野　亮 著
A5判／一七六頁／本体一八〇〇円（税別）

都心に残された貴重な森、自然教育園（東京都港区）には毎年のようにカワセミが繁殖をしている．一目その姿を見たときからカワセミの虜となった著者は，夜明け前から日没後まで，狭い観察小屋の中でカワセミの生態・行動を追い続けた．都会でたくましく生き続けるカワセミたちの感動と発見の記録．

野生動物問題
羽山伸一 著
四六判／二五六頁／本体二三〇〇円（税別）

野生動物と人間との関係性にある問題を「野生動物問題」と名付け，放浪動物問題，野生動物被害問題，餌付けザル問題，商業利用問題，環境ホルモン問題，移入種問題，絶滅危惧種問題について，最近の事例を取り上げ，社会や研究者などがとった対応を検証しつつ，問題の理解や解決に必要な基礎知識を示した．

生物多様性緑化ハンドブック
豊かな環境と生態系を保全・創出するための計画と技術
亀山　章 監修／小林達明・倉本　宣 編集
A5判／三四〇頁／本体三八〇〇円（税別）

外来生物法が施行され，外国産緑化植物の取扱いについて検討が進んでいる．本書は，日本緑化工学会気鋭の執筆陣が，従来の緑化がはらむ問題点を克服し生物多様性豊かな緑化を実現するための理論と，その具現化のための植物の供給体制，計画・設計・施工のあり方，および，各地の先進的事例を紹介する．

外来種ハンドブック
日本生態学会 編／村上興正・鷲谷いづみ 監修
B5判／カラー口絵四頁＋本文四〇八頁
本体四〇〇〇円（税別）

生物多様性を脅かす要因として外来種の侵入は今や世界的な問題である．本書は日本における外来種問題の現状と課題，法制度に向けての提案をまとめた初めての総合的なハンドブック．執筆者は日本生態学会を中心に，研究・対策に関わる行政官やNGOなど約150名．約160の外来種と地域を網羅．巻末資料も充実．

●ご注文は全国の書店，あるいは直接小社まで

㈱地人書館　〒162-0835 東京都新宿区中町15　TEL 03-3235-4422　FAX 03-3235-8984
E-mail=chijinshokan@nifty.com　URL=http://www.chijinshokan.co.jp